青少年编程入门

极简编程

马敏 汤磊/著

中国科学技术大学出版社

内 容 简 介

本书是一本专为青少年和初学者编写的编程入门指南，通过简洁明了的语言和生动有趣的实例，引领读者轻松踏入编程世界。本书以极简编程为核心理念，强调以简单、直接的方式编写代码，帮助读者快速掌握编程技能，激发对科技世界的好奇心和探索欲。本书倡导避免不必要的复杂性，专注于核心功能，使代码更加清晰、易于维护。通过生动有趣的实例和图示，让学生在不知不觉中掌握编程。

图书在版编目(CIP)数据

极简编程 / 马敏，汤磊著. -- 合肥 ：中国科学技术大学出版社，2025.6. -- ISBN 978-7-312-06286-5

Ⅰ. TP311.1

中国国家版本馆 CIP 数据核字第 20250DV226 号

极简编程

JIJIAN BIANCHENG

出版 中国科学技术大学出版社
安徽省合肥市金寨路 96 号，230026
http://press.ustc.edu.cn
https://zgkxjsdxcbs.tmall.com

印刷 合肥市宏基印刷有限公司

发行 中国科学技术大学出版社

开本 787 mm×1092 mm 1/16

印张 10.25

字数 189 千

版次 2025 年 6 月第 1 版

印次 2025 年 6 月第 1 次印刷

定价 40.00 元

序 一

科技是一个国家强盛发展的重要支撑。随着科技的飞速发展进步，编程已经成为创新型人才的一项重要技能。然而，面对众多复杂的编程语言，许多初学者常常会感到迷茫和困惑，《极简编程》这本书无疑为广大编程爱好者提供了一个非常好的选择。

本书的作者马敏老师和汤磊老师，都在青少年科技教育领域深耕多年，拥有丰富的教学和实践经验，指导学生在各类科技竞赛中取得了优异的成绩。作为一名在教研和教学一线的研究工作者，我非常愿意借此机会向读者推荐这部精心编写的《极简编程》。

《极简编程》旨在帮助初学者解开编程困惑，轻松掌握编程技能。全书共包含30课，以简洁明了的方式介绍了编程的基本概念和技巧，使初学者能够轻松入门。书中通过生动有趣的实例和图示，帮助孩子们理解编程的逻辑和原理。同时，该书还注重培养孩子们的逻辑思维和解决问题的能力，让他们在学习编程的过程中，也能够锻炼自己的创造力和想象力。

期望《极简编程》这本书能够让更多的人领略到编程的迷人之处，并消除对编程的畏惧和误解。编程不仅是一项技能，更是一种思考方式，能够协助我们更有效地解决问题和迎接挑战。让青少年们快乐地踏上编程的旅程，共同探索那些无限的可能性！

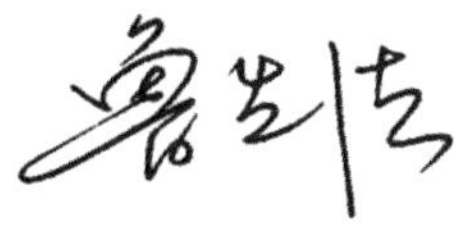

（鲁先法，合肥市教育科学研究院副院长，中学信息技术正高级教师，中学信息技术特级教师，国务院政府特殊津贴获得者，安徽省学术和技术带头人，合肥市专业技术拔尖人才，全国优秀科技辅导员。）

序　二

大约小学三年级的时候，计算机课老师看我数学还不错，就让我来学BASIC，我从此踏上了编程的道路。转眼快二十年过去了，编程的语言从BASIC、Pascal、C++到Python，编程的内容从排序、平衡树、卷积网络到语言模型，编程的目的从玩、获奖、发论文到实现通用人工智能(AGI)……岁月如梭，很多东西变了，又有很多东西没变。

变的是我和我所处的时代。很幸运，我身处一个计算机科学主导的急速变革的时代。最近二十年，计算机、互联网、智能手机、移动互联网、云接连不断地改变着人类社会的面貌，而如今的人工智能更是比人类历史上任何时刻都激动人心。相比于诸多传统科学几年甚至几十年才有一项重大突破，计算机和人工智能的发展现在似乎每个月甚至每周都有“大新闻”。而编程的方式从最初的穿孔纸、二进制机器语言、汇编语言，已然演化得愈发类似人类语言，以至于大语言模型的提示词工程(prompt engineering)让许多人惊呼“现在最强大的编程语言是英语”。在这个充满变化和不确定性的时代，我们如何应对越来越强大和智能的计算机，抓住机会创造全新的价值?

不变的是，最基础的编程思维仍然是计算机和人工智能发展最重要的基石。任何名垂青史的诗人和文豪小时候都必然先识字遣词，语言思维的基础是任何人类文明的基石。同理，变量、循环、指针这些是编程最基础的概念，也是想要和计算机“交流”所必须学会的基本词汇和语法。不同的编程语言就像不同的人类语言，有迥然不同的词汇表和具体语法，但是其基本原理和思维方式是相通的。有趣的是，现在我在OpenAI公司面试别人时，经常还使用一些题目考查迭代器之类的最基础的编程概念。这不仅是因为我们的日常工程还是基于这些编程的基础概念，更是因为任何工作都需要这些基础概念背后的计算思维来潜移默化地指导。“我的语言的边界，就是我世界的边界”，那么编程语言相对于人类语言的逻辑和计算性必然永远地拓宽任何人的人生边界。

愿此书助你以不变应万变，在智能的时代学会计算思维，用编程的语言和机器交流。

姚顺雨

（姚顺雨，OpenAI公司研究员，思维树（ToT，一个开创性框架）作者，合肥一中优秀毕业生，全国青少年信息学竞赛银牌获得者，原清华大学计算机科学实验班联席会主席，普林斯顿大学计算机专业博士。）

前　言

亲爱的小朋友们，在这个奇妙的世界里，有一扇神秘的大门正等待着你们去开启——那就是编程的世界。今天，我们非常荣幸能为你们介绍这本特别的编程书，它将成为你们的钥匙，引领你们进入这个充满创造与想象的精彩领域。

编程，听起来可能有些陌生和复杂，但实际上，它就像搭建积木、绘画或者编写故事一样，是一种表达自我、解决问题的方式。通过简单的指令组合，我们可以让计算机帮助我们完成各种各样的任务，从制作有趣的动画、游戏，到解决数学难题，甚至是设计机器人朋友！是不是听起来就很酷呢？

在这本书中，我们将一起踏上一段奇妙的旅程。放心，我们不会直接跳进复杂的代码海洋，而是会像玩游戏一样，一步步学习基础概念，比如什么是变量、循环和条件判断等。我们会用生动有趣的例子，让你们在不知不觉中掌握编程。

记住，每个人在开始学习新事物时都可能会遇到挑战，但正是这些挑战让我们成长，变得更加聪明和强大。所以，当你遇到困难时，不要害怕，要勇敢地寻求帮助，无论是向老师提问，还是和同学们一起讨论，都是很好的学习方式。

希望这本书不仅能成为你们学习编程的起点，更能激发你们对科技世界的好奇心和探索欲。让我们一起，用小小的手指编织出大大的梦想，创造出属于你们自己的数字世界吧！

准备好了吗？那就让我们一起翻开这本书，开启属于你的编程冒险之旅吧！

（本书为安徽省教育科学研究重大项目“普通高中科技教育赋能拔尖创新人才早期培养的实践研究”（项目编号：JKZ24007）阶段性研究成果。）

马敏　汤磊

2024年12月

目　录

第 1 课 “Hello World”

——C++的第一行代码

小创来到 C++ 编程王国，遇见了很多奇妙的事情，以及意想不到的挑战。他能够通过 C++ 编程王国的种种挑战吗？让我们拭目以待吧！

阅读与思考

解数独：在一个 9 行 9 列的大方格中，有 9 个 3 行 3 列的小九宫格。小方格里已经有一些数，需要在其他方格里填写数字 1～9，要求每个数字在每个小九宫格内只能出现一次，且每个数字在同一行和同一列只能出现一次，聪明的小朋友们肯定能很快地找到一种合适的解，但是你能想到上面的数独问题有多少种解法吗？答案是总共有 127 244 种，计算机找到这些解只用了 1 秒，是不是很神奇？

4					2			1
				3				2
						4		
6				8				
	2				5			
		1	7		4			
3								
		7				5		9
9	5				7			

在 C++ 的世界中，小朋友们可以让计算机开口说话，也可以让计算机解决大数据世界中的计算问题，还可以让计算机做大量重复的事情。

下面让我们从第一课开始吧，完成你的第一行代码，让计算机帮你说出你想说的话。本节课我们要学习神奇的打印指令。

知识讲解

1. 初见代码

运行以下代码，观察运行结果：

```
#include<iostream>
using namespace std;
int main(){
    cout<<"Hello world";
    return 0;
}
```

思考并观察：

（1）你认为输出的结果取决于哪一部分？

（2）如果要输出你的名字，你觉得应该改哪一部分？

2. 代码剖析

```
#include<iostream>        ——头文件，为程序的运行做准备
using namespace std;        ——标准名空间，C++必须写，C语言可省略
int main(){        ——主函数(程序)，所有C++程序由此运行
    cout<<"你好！我是小创同学";        ——向屏幕输出双引号里的内容
    return 0;        ——程序运行结束
}
```

课堂练习

题目 1 运行以下程序，看看有什么结果。

(1)
```
#include<iostream>
    using namespace std;
int main(){
    cout<<"Hello world";
    return 0;
}
```

(2)
```
#include<iostream>
using namespace std;
int main(){
    cout<<"Hello world"<<endl;
    return 0;
}
```

总结：

你发现上面两个程序之间的区别以及运行结果之间的区别了吗？

____

____

题目 2 观察程序找错误。

(1)
```
#include<iostream>
using namespace std;
int main(){
    cout<<Hello world;
    return 0;
}
```

写出上面程序中的错误：

____

____

(2) #include⟨iostream⟩

```
using namespace std;
int main(){
    cout "Hello world";
    return 0;
}
```

写出上面程序中的错误：

___

___

(3) #include⟨iostream⟩

```
using namespace std;
int main(){
    cout<<"Hello world";
    return 0;
}
```

写出上面程序中的错误：

___

___

总结：

你能写出代码中常见的错误吗？

___

___

作业

题目 1 找出程序中的错误。

```
#include<iostream>
using namespace std;
int main(){
    cout<<"Hello world"endl;
    return 0;
}
```

题目 2 用程序输出你想对妈妈说的话。

例：

```
#include<iostream>
using namespace std;
int main(){
    cout<<"妈妈辛苦了!"<<endl;
    return 0;
}
```

延伸阅读

Bug 的由来

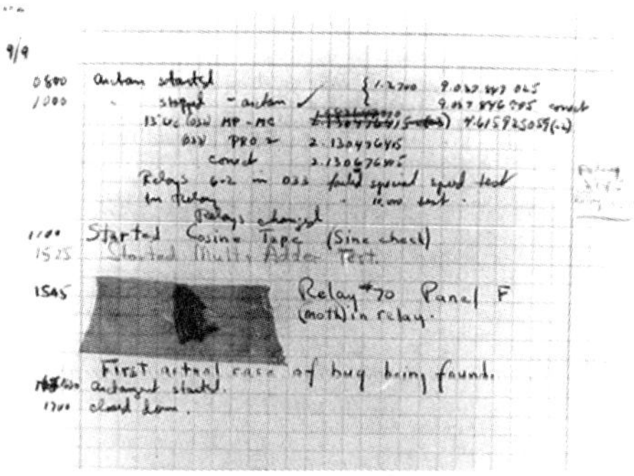

1947 年 9 月 9 日，美国海军电脑专家格蕾丝·赫柏（Grace Murray Hopper，计算机软件工程专家，杰出的计算机科学家，美国海军将军）在对 Harvard Mark Ⅱ型计算机进行编程，开始运行程序后，发现计算机无法正常工作。在排查原因的过程中，在某一组继电器的触点上发现了一只被烧焦的蛾子，移除飞蛾后机器就恢复了正常的工作；在后面的检查报告中，她将蛾子粘贴在报告中：这是世界上第一个 bug。后来就使用 bug（虫子）来表示电脑中的错误，一直沿用至今。

第2课 数据的容器

——变量

小创在C++编程王国里，遇见一些数据补给，想将这些补给装起来。下面我们来一起做一个容器，帮助小创同学在C++编程王国里保存这些重要的数据补给。

阅读与思考

1. 为什么要使用变量？

程序在运行时，需要保存很多内容常常变化的数据。比如，射击类游戏中不断变化的“分数”。一个程序运行时，大量数据存储在“变量”中。数据在大量变量之间“计算”“交换”。变量是处理数据的基本实体。

2. 变量是什么？

变量的本质是内存中的一块存储空间，即一小块内存。

知识讲解

变量是什么呢？

变量就像一个容器，可以存储不同的东西。

变量的结构如图所示。

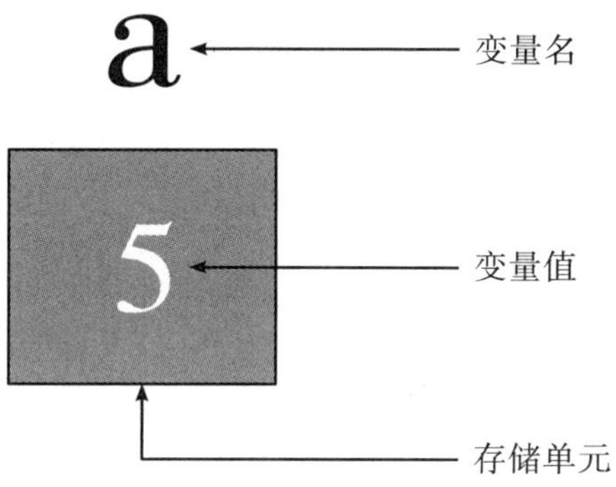

1. 变量名

变量既然有名字，那么如同人的名字一样，得有一定的取名规则，中国人的名字是由汉字组成的，并且姓在前名在后。那么变量的命名规则是什么呢？主要有以下三个：

(1) 变量名是由字母、数字、下划线组成的；

(2) 变量名不能由数字开头；

(3) 变量名不能是关键字。

关于什么是关键字我们以后再详细介绍，现阶段可以简单地理解为编译器里标黑的单词，比如：int、double、char、return 等。

2. 变量的使用

变量在使用之前，一定要先申请（定义）再使用，C++ 中没有经过申请的量是非法的，在编译的时候会报错。变量的申请格式有如下两种：

格式一：

变量类型　变量名；

格式二：

变量类型　变量名 = 变量值；

例如：

```
int  a;
int  b=10;
```

总结：

你能写出两种格式的区别吗？

3．变量的运算符

加法运算符：+

例如：a+b 表示变量 a 与变量 b 的和。

减法运算符：-

例如：a-b 表示变量 a 与变量 b 的差。

乘法运算符：*

例如：a*b 表示变量 a 与变量 b 的积。

除法运算符：/

例如：a/b 表示变量 a 与变量 b 的商。

需要注意的是：整数除法的结果也是整数。

例如：

19/5=3

18/4=4

105/10=10

取余运算符：%

例如：a%b 表示变量 a 除以变量 b 的余数。

课堂练习

题目 1 运行程序看结果。

(1)
```
#include<iostream>
using namespace std;
int main(){
    int a=5,b=6;
    cout<<a+b<<endl;
    return 0;
```

```
}
```

(2)
```
#include<iostream>
using namespace std;
int main(){
    int a=9,b=6;
    cout<<a-b<<endl;
    return0;
}
```

(3)
```
#include<iostream>
using namespace std;
int main(){
    int a=3,b=6;
    cout<<a*b<<endl;
    return 0;
}
```

(4)
```
#include<iostream>
using namespace std;
int main(){
    int a=6,b=3;
    cout<<a/b<<endl;
    return 0;
}
```

(5)
```
#include<iostream>
using namespace std;
int main(){
    int a=6,b=3;
    cout<<a%b<<endl;
    return 0;
}
```

题目 2 写出下列运算的结果。

19%5=　　　　　　　　24%7=

18%4 =　　　　19%4 =

105%10 =　　　　17%6 =

作业

题目 1

正方形的边长为 5,输出正方形的周长和面积。

【样例输入】无

【样例输出】正方形的周长为:20

正方形的面积为:25

题目 2

编写一个程序,计算以 80 km/h 的速度行驶 240 km 所花费的时间。

【输入格式】无。

【输出格式】输出 1 行,为一个整数,即花费的时间。

【样例输出】3

题目 3

请根据变量的命名规则,从下列选项中选出正确的变量(　　)。

A. a3_　　B. 3a_　　C. a.1　　D. _a.a

延伸阅读

世界上第一名程序员

著名的诗人“拜伦”有一个女儿,叫奥古斯塔·阿达·拜伦,也叫洛夫莱斯伯爵夫人,她是世界上第一个软件程序设计者,于 1815 年 12 月 10 日在伦敦出生。她翻译并批准了查尔斯·巴创奇(Charles Babbage,计算机之父)关于差分机的著作,并且第一次提出:计算机不但可以用来计算数字,还能用来实现复杂的算法以解决实际问题。在两倍于原文篇幅的批注中,她设计了众多现在看来都很有意义的算法,为计算机科学的发展作出了重要贡献。

第3课 变量的类型

——数据类型

上一节课小创在C++编程王国里，制作了一些数据容器——变量，这一课我们一起帮助小创同学，将这些变量分分类。

阅读与思考

在前面的课程里，我们已经学习了变量的概念，知道在声明一个变量时，必须要定义它的数据类型，比如我们之前一直使用的 int。

```
#include<iostream>
using namespace std;
int main(){
    int a=5;
    cout<<a<<endl;
    return 0;
}
```

同学们有没有想过，为什么我们要给变量定义数据类型呢？

除了我们用过的 int 之外，还有什么数据类型呢？

它们之间又有什么区别呢？

知识讲解

变量实际上相当于一个数据容器，既然是容器，那么就有大有小，有不同的类别。对于现实生活中的容器，杯子用于装水，碗用于盛饭，酒瓶用于装酒，那么在计算机的世界里，根据变量所储存的数据不同，也将变量划分为不同的类型，这一课我们就一起来认识一些基本的数据类型。

1. 整型

整型变量，顾名思义，就是用于存放整数的变量，在C++中整型一共有三种：短整型(short)、基本整型(int)、长整型(long)。如同杯子装水,大杯装得多,小杯装得少一样。那么对于整型而言,越长意味着存的数字越多,越短意味着存的数字越少。所以小朋友请你思考一下在三种整型变量中,最能存的是哪一种,最不能存的是哪一种,以及中间能存的又是哪一种呢?

短整型(short):大小为 2 字节,储存的数据范围是 $-2^{15} \sim 2^{15}-1$,即 $-32768 \sim 32767$。可以看出短整型能存储的数字比较少,因此非必要的情况下,不建议使用。

基本整型(int):大小为 4 字节,存储的数据范围是 $-2^{31} \sim 2^{31}-1$,即 $-2147483648 \sim 2147483647$。不必记住这个复杂的数,只要记住,当整数不超过 2×10^9 的时候用整型(int)就可以了。超过了需要用长整型(long)。

长整型(long):大小为 8 字节,存储的数据范围是 $-2^{63} \sim 2^{63}-1$,即 $-9223372036854775808 \sim 9223372036854775807$,基本可以解决绝大多数需要用到整型变量的问题了,其范围为 $-9\times10^{18} \sim 9\times10^{18}$。

运行以下程序,观察结果,并思考原因:

```
#include<iostream>
using namespace std;
int main(){
    short a=10000000000;
    int b=10000000000;
    long long c=10000000000;
    cout<<a<<endl;
    cout<<b<<endl;
    cout<<c<<endl;
    return 0;
}
```

2. 浮点型

如同整型变量用于存储整数,浮点型是用于存储浮点数(也就是小数)的数据类型。浮点型有两种类型:单精度浮点型(float)和双精度浮点型(double)。在大多数情况下,我们都使用 double 类型去表示浮点数。double 类型的大小为 8 字节,存储的数据范围是 $-1.7\times10^{308} \sim 1.7\times10^{308}$。这个范围你不需要记忆,只要记住 double 类型可存储 15~16 位有效数字就可以了。

什么是有效数字呢？

有效数字指从第一个不为 0 的数字起，一直数到这个数结束。如：50.2545 有 6 位有效数字，0.00073020 有 5 位有效数字。

运行以下程序，观察结果，并思考原因：

```
#include<iostream>
using namespace std;
int main(){
    double a;
    float b;
    a=10/5;
    b=10.0/5;
    cout<<a<<endl;
    cout<<b<<endl;
    return 0;
}
```

3. 字符型

字符指一个符号，包括字母(如 A、a)、数字(如 1)、运算符号(如+)、标点符号(如，)和其他符号(如#)。

那么字符由什么类型存储呢？

字符型(char)，它是计算机编程语言中只可容纳单个字符的一种基本数据类型。

字符型的大小是 1 字节。

4. 布尔型

我们已经知道整型用于存放整数，浮点型用于存放浮点数，字符型用于存放字符。下面我们再来介绍一种新的数据类型——布尔型(bool)。布尔型变量的值只有两个：false(假)和 true(真)。

false 转换为整型的值为 0，true 转换为整型的值为 1。

对于数字转为布尔型变量需要注意的是：只有 0 转为布尔型变量时结果为 false，其他数转为布尔型变量时结果都为 true(非零即真)。

布尔型变量的大小是 1 字节。

运行以下布尔型变量，观察结果并思考原因：

```
#include<iostream>
using namespace std;
int main(){
    bool a=true,b=false,c=0,d=0.01;
    cout<<a<<b<<endl;
    cout<<c<<d<<endl;
    return 0;
}
```

课堂练习

题目 1

计算一个边长为 5 的正方形的周长和面积,将正方形的周长和面积输出。

【样例输入】无

【样例输出】正方形的周长为:20

正方形的面积为:25

题目 2

编程实现三个整数 5、8、9,将它们平方和的结果输出。

【样例输入】无

【样例输出】170

题目 3

下列选项中正确的是(　　)。

A. float　a=3.1e

B. char　c="abc"

C. int　b=34.0

D. bool　d="abc"

作业

题目 1

编写一个程序，计算以 80 千米/时的速度行驶 240 千米所花费的时间。

【输入格式】无。

【输出格式】输出 1 行，为一个整数，即花费的时间。

【样例输出】3

题目 2

给定 3 个整数 65、78、333，计算表达式(65 + 78) × 333 的值。

【输入格式】无。

【输出格式】输出 1 行，为表达式的值。

【样例输出】47619

题目 3

编程计算一个长为 12 m、宽为 16 m 的矩形房间的面积和周长。

【输入格式】无。

【输出格式】输出 2 行，分别为矩形的面积、周长。

【样例输出】192
56

延伸阅读

比　特　位

二进制数系统中，每个 0 或 1 就是一个位(bit)，位是数据存储的最小单位。其中 8 位就称为一个字节(Byte)。计算机中的 CPU 位数指的是 CPU 一次能处理的最大位数。例如 32 位计算机的 CPU 一次最多能处理 32 位数据。Bit，乃"binary digit"(二进制数)位的缩写，是数学家 John Wilder Tukey 提议的术语(可能是 1946 年提出，但有资料称 1943 年就提出了)。这个术语第一次被正式使用，是 Shannon 在《通信的数学理论》中提出著名的"信息论"时。

1 Byte = 8 bit
1 KB = 1024 Byte
1 MB = 1024 KB
1 GB = 1024 MB
1 TB = 1024 GB
1 PB = 1024 TB

第 4 课 制作一个计算器

——变量运算

通过前面的学习，小创在 C++ 编程王国里成功地运用一些变量存储一些数据，小创在想这些数据是否可以进行相应的运算呢？下面让我们一起和小创同学探讨探讨吧。

阅读与思考

1+1=2，2+2=4，11+11=？哎呀，手指头数不过来了，加上脚指头也不够了，怎么办？说起计算器，早在 1642 年，年仅 19 岁的法国伟大科学家帕斯卡运用算盘的原理，发明了第一部机械式计算器，在他的计算器中有一些互相联锁的齿轮，一个齿轮转过十位会使另一个齿轮转过一位，人们可以像拨电话号码盘那样，把数字拨进去，计算结果就会出现在另一个窗口中，但是只能做加减计算。1694 年，莱布尼茨在德国将其改进成可以进行乘除的计算。此后，一直到 1946 年才出现了电子计算器。

知识讲解

上一课，我们学习了一些基本的数据类型，这一课我们一起利用学过的知识，来探究整型数据和浮点型数据之间的一些运算，在这些运算的过程中，会有很多意想不到的结果，下面让我们一一探究吧。

1. 输入部分：cin>>

顾名思义，输入是指将需要的数据通过键盘输入到指定的变量里。对于 cin，其格式如下：

cin>>变量 1；

cin>>变量 1>>变量 2……>>变量 n；

可以看出 cin 能够一次向一个变量输入数据，也能向多个变量输入不同的数据。

运行以下两个程序，并观察结果：

```
#include<iostream>
using namespace std;
int main(){
    int a;
    cin>>a;
    cout<<a<<endl;
    return 0;
}
```

```
#include<iostream>
using namespace std;
int main(){
    int a,b,c;
    cin>>a>>b>>c;
    cout<<a<<b<<c<<endl;
    return 0;
}
```

2. 加减部分：+和-

+(加法运算符)主要用于将两个变量加在一起求它们的和，-(减法运算符)主要用于将两个变量做减法求它们的差，与数学上基本类似。

运行以下程序，看一看结果吧：

```
#include<iostream>
using namespace std;
```

```
int main(){
    int a,b,c,d;
    cin>>a>>b;
    c=a+b;
    d=a-b;
    cout<<c<<endl;
    cout<<d<<endl;
    return 0;
}
```

输入：12　9

3. 乘除部分：* 和/

*（乘法运算符）主要用于将两个变量乘在一起求它们的积，/（除法运算符）主要用于将两个变量做除法求它们的商。与数学上不同的是除法，需要我们多加注意。下面我们一起分别探究。

在探究之前，我们先看以下公式：

整型(int) * 整型(int) = 整型(int)

整型(int) * 浮点型(double) = 浮点型(double)

浮点型(double) * 整型(int) = 浮点型(double)

浮点型(double) * 浮点型(double) = 浮点型(double)

整型(int)/整型(int) = 整型(int)

整型(int)/浮点型(double) = 浮点型(double)

浮点型(double)/整型(int) = 浮点型(double)

浮点型(double)/浮点型(double) = 浮点型(double)

通过观察你有什么发现呢？可以看出不同类型数据之间的运算，最终的数据形式由精度最高的决定哦！

运行以下程序，看一看结果吧。

```
#include<iostream>
using namespace std;
int main(){
    int a,b,c,d;
    cin>>a>>b;
```

```
    c=a*b;
    d=a/b;
    cout<<c<<endl;
    cout<<d<<endl;
    return 0;
}
```

输入:12　9

课堂练习

题目 1

定义一个整型变量 a 和一个浮点型变量 b,并分别赋值 15 和 2。计算它们的商。

【样例输入】无

【样例输出】7.5

题目 2

定义两个整型变量 a 和变量 b,并分别赋值 15 和 4。计算它们的商。

【样例输入】无

【样例输出】3

题目 3

定义一个整型变量 a 和一个浮点型变量 b,并分别赋值 3 和 2.5。计算它们的积。

【样例输入】无

【样例输出】7.5

通过以上题目 1～3 的练习,你有什么发现呢?

作业

题目 1

定义一个整型变量 a 和一个整型变量 b，并分别赋值 15 和 2。计算它们的和。

【样例输入】无

【样例输出】17

题目 2

定义两个整型变量 a 和变量 b，并分别赋值 25 和 4。计算它们的积。

【样例输入】无

【样例输出】100

题目 3

定义一个整型变量 a 和一个整型变量 b，并分别赋值 17 和 3。计算它们的商。

【样例输入】无

【样例输出】5

题目 4

编程计算一个半径 10 m 的圆面积和周长。（π 取 3.14）

【输入格式】无。

【输出格式】输出 2 行，分别为矩形的面积、周长。

【样例输出】314

62.8

延伸阅读

冯·诺依曼

冯·诺依曼(John von Neumann，1903—1957)是美籍匈牙利裔科学家、数学家，被誉为“现代计算机之父”。1945 年，冯·诺依曼首先提出了“存储程序”的概念和二进制原理，后来，人们把利用这种概念和原理设计的电子计算机系统统称为“冯·诺依曼体系结构”计算机。冯·诺依曼结构的处理器使用同一个存储器，经由同一个总线传输。冯·诺依曼的主要贡献就是提出并实现了“存储程序”的概念。由于指令和数据都是二进制码，指令和操作数的地址又密切相关，因此，当初选择这种结构是自然的。但是，这种指令和数据共享同一总线的结构，使得信息流的传输成为限制计算机性能的瓶颈，影响了数据处理速度的提高。

第5课 分割数据

——求余运算

小创在C++编程王国里，已经掌握了一些数据运算，但是又遇到了一些新的难题，他接到了一个新的任务，将指定的数据取出来，我们一起帮帮他吧。

阅读与思考

在前面的课程里，我们已经学习了基本的数据运算，发现了一些现象，就是将两个整型变量做除法运算时，会自动丢掉小数部分。

例如运行以下程序，得到的结果是：3。

```
#include<iostream>
using namespace std;
int main(){
    int a=17,b=5;
    cout<<a/b<<endl;
    return 0;
}
```

同学们有没有想过，可不可以借助这一现象进行一些操作呢？

知识讲解

在进行数据分割之前，同学们思考一下，C++中除了+、-、*、/四种基本运算之外，还有没有其他的运算呢？当我们想要某些余数的时候，怎么办呢？下面我们一起来探究一下吧。

1. 整除

对于两个整型变量a和b，当它们做除法运算时我们发现，运算结果会自动舍去小数部分。对此我们可以借助这一特性，一个数除以 10 就可以将它的个位舍去了。

运行以下程序，看看结果吧。

```
#include<iostream>
using namespace std;
int main(){
    int a=9876,b,c,d;
    b=a/10;
    c=b/10;
    d=b/10;
    cout<<b<<c<<d<<endl;
    return 0;
}
```

2. 求余

求余，顾名思义，就是用于求余数的运算，在有些书上也称作取模运算，它的运算符号是%，当我们写下 a%b 时，意思是求 a 除以 b 的余数。例如：9%4=1，17%5=2。

运行以下程序，看看结果吧。

```
#include<iostream>
using namespace std;
int main(){
    int a=18,b,c,d;
    b=a%5;
    c=b%4;
    d=b%7;
    cout<<b<<c<<d<<endl;
    return 0;
}
```

3. 数据分割

前面我们学习了整除和求余，下面让我们再一起探究如何借助整除和求余这两种运算来完成数据的分割。首先我们知道一个整数除以 10 抹去的是个位，抹去个位之后原来的十位就变成了个位：如 12345/10 = 1234，就把之前（12345）十位上的 4 变成

(1234)个位上的 4 了。如果我们再拿 1234 除以 10 呢？是不是发现又可以将 3 变成个位呢？由此对于整型数据我们可以得出第一个结论：

除以 10(12345/10＝1234)抹除了十位之后的数。

除以 100(12345/100＝123)抹除了百位之后的数。

除以 1000(12345/1000＝12)抹除了千位之后的数。

同学们发现规律了吗？

下面我们再讨论第二个结论：由取余运算(％)我们知道它可以将一个数除以另一个数的余数取出，如果拿这个数对 10 取余，是不是就可以把它的个位割下来呢(1234％10＝4)？因此第二个结论就是：整型数据对 10 取余，得到的就是个位。

聪明的同学可能已经想到了，如果先利用整除，将一个整型数据的每个位数变成个位之后，再利用其对 10 取余就可以取任何一个想要的数据了。

例如：a＝123456

a/1％10＝6

a/10％10＝12345％10＝5

a/100％10＝1234％10＝4

由上面的结论，我们可以总结出：对于一个整型数据，想要它的哪位数，就先除以相应的位数再对 10 取余。即：

个位：a/1％10　　　　十位：a/10％10

百位：a/100％10　　　千位：a/1000％10

运行以下程序，看看结果吧。

```
#include<iostream>
using namespace std;
int main(){
    int a=965812,b,c,d;
    b=a/1%10;
    c=a/10%10;
    d=a/100%10;
    cout<<b<<c<<d<<endl;
    return 0;
}
```

课堂练习

题目 1

定义一个整型变量 a 并且赋值 123456，将它的个位和十位分别输出。

【样例输入】无

【样例输出】6　5

题目 2

定义一个整型变量 a 并且赋值 15691，将它的个位、十位的和输出。

【样例输入】无

【样例输出】10

题目 3

定义一个整型变量 a，其值由键盘输入，然后将它的个位、十位以及百位的和输出。

【样例输入】54321

【样例输出】6

作业

题目 1

输入一个三位数，输出它的逆序数，比如输入 123，输出 321。

【输入格式】输入 1 行，为一个三位整数。

【输出格式】输出 1 行，为三位数的逆序数。输出的整数应符合通常表达形式，如输入 120，输出应为 021。

【样例输入】123

【样例输出】321

题目 2

对于任意输入的四位整数，计算其各个数位上的数字的和。

【输入格式】输入一个四位数，为任意一个四位整数。

【输出格式】输出 1 行，内容包含一个整数，为四位数之和。

【样例输入】1234

【样例输出】10

延伸阅读

图　灵

阿兰·麦席森·图灵(Alan Mathison Turing，1912—1954)，英国数学家、逻辑学家，被称为“计算机科学之父”。1936 年，图灵向伦敦权威的数学杂志投了一篇论文，题为“论数字计算在决断难题中的应用”。在这篇开创性的论文中，图灵给“可计算性”下了一个严格的数学定义，并提出著名的“图灵机”(Turing Machine)的设想。“图灵机”不是一种具体的机器，而是一种思想模型，可制造一种十分简单但运算能力极强的计算装置，用来计算所有能想象得到的可计算函数。“图灵机”与“冯·诺伊曼机”齐名，被永远载入计算机的发展史中。1950 年 10 月，图灵又发表了另一篇题为《机器能思考吗》的论文，该文成为划时代之作。也正是这篇文章，为图灵赢得了“人工智能之父”的称誉。

第6课 数据的关系

——关系运算符

随着对C++编程王国的不断了解，小创发现在C++编程王国里数据之间除了算术运算之外，还有一些关系运算，这些关系运算究竟是什么呢？它们又有什么用呢？

阅读与思考

在数学课上，我们已经学过了两个数之间存在着一些关系，这些关系，同学们还记得吗？快动手写写吧！

(1) 5+4， 3+6　　(2) 5×8， 5×9−4

(3) 2+7， 3+4　　(4) 6×12， 9×10

这些数字之间的关系，相信小朋友一眼就可以看出来了。那么小朋友们一起思考一下，在C++的里面，数据之间的关系用哪些符号表示呢？以及它们的书写形式又是什么呢？这些书写形式与数学上的书写形式又存在着哪些不同呢？

知识讲解

1. 算术表达式

由算术运算符和数字组成的式子就是算术表达式。

例如：int a=10,b=6;

a+b

a−b

a*b

a/b

2. 复合运算

当参与 + 、- 、* 、/的变量重复出现在表达式中时，还有一种更为简单的写法如图。

int a = 1, b = 2, c = 3;

c = c + a;	→	c + = a;	4
b = b - a;	→	b - = a;	1
a = a * c;	→	a * = c;	3
b = b / c;	→	b / = c;	0

运行以下程序，看看结果吧。

```
#include<iostream>
using namespace std;
int main(){
    int a=18,b=4,c=7,d=8;
    b/=a;
    c+ =a;
    d* =a;
    cout<<b<<c<<d<<endl;
    return 0;
 }
```

3. 关系运算符

“关系运算”实际上就是“比较运算”，一共有六种：

<	：小于	<=	：小于等于
>	：大于	>=	：大于等于
= =	：等于	! =	：不等于

=与= =的区分：

a=1，这里的=是赋值的意思，把1赋给a；

a= =1，这里的= =是比较的意思，比较 a 和 1，相等为真，不等为假。

4. 关系表达式

由关系运算符和运算数组成的式子就是关系表达式。关系表达式的值（运算结果）是布尔类型。

例如：int a = 10，b = 20；

a>b → false → 0

a>=b → false → 0

a<b → true → 1

a<=b → true → 1

a= =b → false → 0

a! =b → true → 1

运行以下程序，看看结果吧。

```
#include<iostream>
using namespace std;
int main(){
    int a=4,b=6;
    bool c,d;
    c=a>b;
    d=a= =b;
    cout<<c<<d<<endl;
    return 0;
}
```

课堂练习

题目 1

将下列关系运算结果（true/false）填写在横线上：

2>1 ________；　1<=1 ________；

3>5 ________；　2>=3 ________。

题目 2

编程实现下列表达式的结果：

3>5　　　5>=5　　　6!=3　　　5==5

【输入格式】无。

【输出格式】输出 4 行，每行依次输出一个表达式的结果。

【样例输出】0

1

1

1

作业

题目 1

输入两个整数 a，b(a>b)，比较它们的大小。

【输入格式】输入 1 行，为两个整数。

【输出格式】输出 1 行，为一个布尔值。

【样例输入】6　5

【样例输出】1

题目 2

输入两个学生的成绩 a 和 b(可能有小数)，比较他们的分数大小，如果 a 大于 b，输出 1，反之输出 0。

【输入格式】输入 1 行，为两个数。

【输出格式】输出 1 行，为一个布尔值。

【样例输入】98.5　96

【样例输出】1

延伸阅读

蒂姆·伯纳斯·李

蒂姆·伯纳斯·李——万维网与第一个浏览器的发明者。蒂姆在大学毕业后，成功编制了第一个高效局部存取浏览器“Enquire”，这是世界上最早的浏览器。1989 年，他开发出世界上第一个 Web 服务器和第一个 Web 客户机，并将其命名为“World Wide Web”，即“WWW”，揭开了互联网的新纪元。

第7课 程序的分岔口

——if语句

小创发现在C++编程王国里遇到了一些选择困难，我们一起学习一个新的工具if，用它来帮助小创克服选择困难吧！

阅读与思考

程序执行的时候，一般有三种结构：

● 顺序结构：我们在前面已经学习过了。就是程序从上到下，按照我们写代码的顺序执行。

● 分支结构：分支选择，就是我们现在将要学习的结构。当条件满足时，执行一部分逻辑，当条件不满足时，执行另外一部分逻辑。

● 循环结构：不断重复一个逻辑，直到在某一个条件下退出。比如生活中的时钟，一圈一圈，周而复始，就是循环。

三种结构的流程图如图所示。

顺序结构

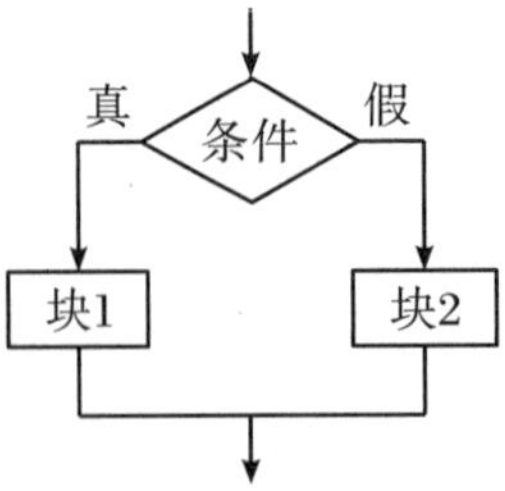

分支结构

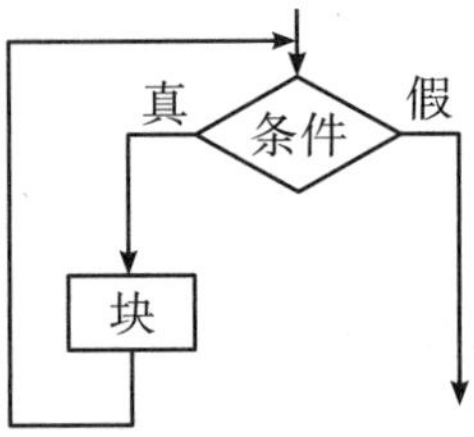

循环结构

知识讲解

分支结构通常分为三种：单分支结构、双分支结构以及多分支结构。下面我们分别讨论这三种分支结构。

1. 单分支结构的格式和写法

伪代码如下：

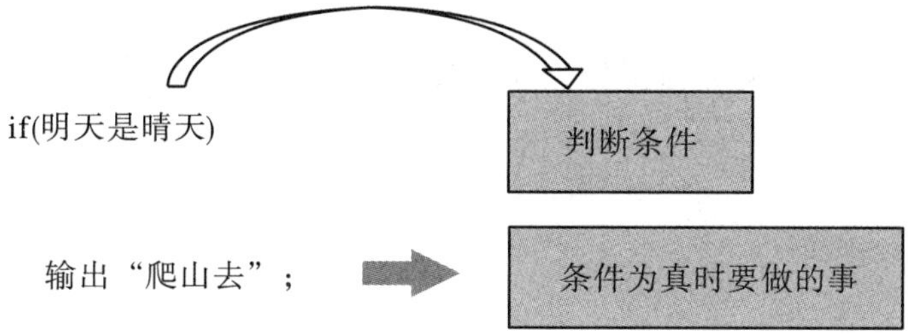

运行以下程序，看看结果吧。

```
#include<iostream>
using namespace std;
int main(){
      int a=100;
      if(a==100){
         cout<<"变量 a 的值为 100"<<endl;
         }
      return 0;
      }
```

如果将 a=100 改为 a=90，运行的结果又是怎样的呢？

2. 双分支结构的格式和写法

```
if (条件 1){
            条件 1 为真时执行;
                              }
else {
            条件为假时执行;
                              }
```

运行以下程序，看看结果吧。

```
#include<iostream>
using namespace std;
int main(){
   int a=100;
```

```
    if(a%2==0){
      cout<<"变量 a 为偶数"<<endl;
        }
    else{
      cout<<"变量 a 为奇数"<<endl;
        }
  return 0;
  }
```

3. 多分支结构的格式和写法

对于多分支结构，分支的数量是不固定的，通常根据实际情况来确定。而它的执行逻辑是由上至下逐一判断到条件成立的那一条，然后执行后面大括号里的语句。执行完之后，立即退出分支语句，不会再判断后面的条件了。下面是多分支语句的格式：

```
if(条件 1 ){
              条件 1 为真时执行；
                                  }
else  if (条件 2){
               条件 2 为真时执行；
                                  }
else  if (条件 3){
               条件 3 为真时执行；
                                  }
else  if (条件 4){
               条件 4 为真时执行；
                                  }
 ⋮
else  if (条件 n){
               条件 n 为真时执行；
                                  }

else{
               所有条件为假时执行；
                                  }
```

运行以下程序，看看结果吧。

```
#include<iostream>
using namespace std;
int main(){
    int a;
    cin>>a;
    if(a>=90){
        cout<<"A"<<endl;
    }
    else if(a>=80){
        cout<<"B"<<endl;
    }
    else if(a>=70){
        cout<<"C"<<endl;
    }
    else if(a>=60){
        cout<<"D"<<endl;
    }
    else{
        cout<<"不及格"<<endl;
    }
    return 0;
}
```

课堂练习

题目 1

用 if 语句编程实现：输入一个正整数，判断其奇偶性，并输出。

【样例输入】23

【样例输出】奇数

【样例输入】44

【样例输出】偶数

题目 2

用 if…else…编程实现:输入年龄,如果年龄大于等于 18 则输出已成年,否则输出未成年。

【样例输入】18

【样例输出】已成年

【样例输入】17

【样例输出】未成年

题目 3

用 if…else…编程实现:输入考试成绩,如果成绩大于或等于 60 算及格,输出结果仅一行,如果通过,则输出通过,否则什么都没有。

【输入格式】输入一个整数,表示成绩。

【输出格式】如果通过,则输出通过,否则什么都没有。

【样例输入】62

【样例输出】通过

作业

题目 1

根据邮件的质量计算邮费。

计算规则:质量在 1000 克以内(包含 1000 克),基本费 8 元。超过 1000 克的部分,每 500 克加收超重费 4 元,不足 500 克部分按 500 克计算。

【输入格式】输入一行,整数表示质量(单位为克)。

【输出格式】一行,包含一个整数,表示邮费。

【样例输入】1200

【样例输出】12

题目 2

数字 1~7 分别对应星期里的星期一至星期日,输入 1 时,显示星期一,输入 2 时,显示星期二，以此类推。

【样例输入】3

【样例输出】星期三

题目 3

超市苹果打折促销，总质量如果不超过 5 千克，单价为 3 元/千克，如果超过 5 千克，超过部分打八折；输入为所购买苹果的质量，输出为应付款的总额。

【样例输入 1】10

【样例输出 1】27

【样例输入 2】10.2

【样例输出 2】27.48

题目 4

输入三个整数，输出三个整数中的最大值。

【样例输入】10　20　30

【样例输出】30

延伸阅读

中央处理器

计算机硬件由五大部分组成：运算器、控制器、存储器、输入设备、输出设备。中央处理器（CPU，central processing unit）由运算器、控制器和一些寄存器组成；运算器进行各种算术运算和逻辑运算；控制器是计算机的指挥系统；CPU 的主要性能指标是主频和字长。

第 8 课 布尔的秘密

——逻辑运算

小创知道布尔值只有两个，即 true 和 false，true 对应 1，false 对应的是 0。那么 0 和 1 有什么用呢？我们和小创一起探讨探讨吧。

阅读与思考

我们在之前的课程中已经学习了关系运算。但在实际使用中，一个关系表达式往往不能够解决问题。如我们想表述“5>3 和 2>1 都成立”，就需要把两个关系表达式连接起来。

那么如何连接关系表达式呢？这里就要用到一种新的运算符——逻辑运算符与(&&)、或(||)和非(!)。讲解之前，先来找一找键盘上的逻辑运算符吧，看一看你们都能找到吗？

要记住，输入“&”“|”“!”时，需要先按住 Shift 键再按对应键哦。

知识讲解

1. 什么是逻辑运算符？

逻辑运算符一共有三个：

逻辑与(&&)　逻辑或(||)　逻辑非(!)

2. 什么是逻辑表达式？

含有逻辑运算符的表达式称为逻辑表达式，逻辑表达式的结果只有两种：

逻辑真：true(1)　逻辑假：false(0)

3. 逻辑与(&&)

逻辑与(&&)可以将关系表达式连接在一起，表示“且”。比如“2>1 且 1>0”可以表达为 2>1 && 1>0 的形式。

“表达式 1 && 表达式 2”的结果有以下四种情况：

表达式 1	true	true	false	false
表达式 2	true	false	true	false
结果	true	false	false	false

可以看到上述运算(表达式 1 && 表达式 2)中有一个表达式为假时结果就为假，两个表达式都为真时结果才为真。这里教给同学们一个技巧：由于布尔值只有 1 和 0，且 true 为 1，false 为 0，所以可以将逻辑与(&&)运算看成乘法来计算。

例如：true && false 看成 true * false => 1 * 0 => false；其他的读者可以自行验算，看看结果对不对。

4. 逻辑或(||)

逻辑或(||)可以将关系表达式连接在一起，表示“或”。比如“2>1 或 1>0”可以表达为“2>1 || 1>0”的形式。

同样，“表达式 1 || 表达式 2”的结果也有四种情况：

表达式 1	true	true	false	false
表达式 2	true	false	true	false
结果	true	true	true	false

可以看到上述运算(表达式 1||表达式 2)中有一个表达式为真时结果就为真，两个表达式都为假时结果才为假。这里同样要教给同学们一个技巧：由于布尔值只有 1 和 0，且 true 为 1，false 为 0，所以可以将逻辑或(||)运算看成加法来计算。

例如：true||false 看成 true + false => 1 + 0 => true；可能有的小朋友会问：那 true ||true 不就相当于 1 + 1，结果为 2 了，是不是错了呢？其实我们在第 3 课介绍布尔型数据的时候就说过了，对于除了 0 以外的任何数字转化为布尔值的时候都是 true，即非零即真。其他的读者可以自行验算，看看结果对不对吧。

5. 逻辑非(!)

逻辑非(!)用于表达式取反,表示“非”。比如“1>0 结果的反值”可以表达为!(1>0)的形式。

!表达式的结果只有如下两种情况:

表达式	true	false
(!表达式)结果	false	true

可以看到(!表达式)运算中就是将表达式的结果取反,也就是真(true)变假(false),假(false)变真(true)。简言之,非真即假,非假即真。

课堂练习

题目 1

给定三个正整数,分别表示三条线段的长度,判断这三条线段能否构成一个三角形(任意两条边之和大于第三边,任意两边之差小于第三边)。

【输出格式】如果能构成三角形,则输出 Yes,否则输出 No。

【样例输入】3 4 5

【样例输出】Yes

题目 2

给出一名学生的语文和数学成绩,判断他是否恰好有一门课不及格(成绩小于 60 分)。

【输入格式】1 行,包含两个在 0~100 之间的整数,分别是该生的语文成绩和数学成绩。

【输出格式】若该生恰好有一门课不及格,输出 1;否则输出 0。

【样例输入】50 80

【样例输出】1

题目 3

输入一个年份,判断该年是否为闰年。若为闰年则输出 Yes,不是闰年则输出 No。

提示：闰年的判断条件如下：

(1) 能被 400 整除。

(2) 不能被 100 整除，但能被 4 整除。

【样例输入】2016

【样例输出】Yes

题目 4

给你买了一箱 n(n>0)个苹果，很不幸的是买完时箱子里混进了一条虫子，虫子每 x（x 不为 0）小时能吃掉一个苹果，假设虫子在吃完一个苹果之前不会吃另一个，那么经过 y 小时你还有多少个完整的苹果？

【输入格式】输入仅 1 行，包括 n，x 和 y（均为整数）。

【输出格式】输出也仅 1 行，剩下的苹果个数。

【样例输入】10　4　9

【样例输出】7

题目 5

有一个正方形，四个角的坐标(x，y)分别是(1，−1)，(1，1)，(−1，−1)，(−1，1)，x 是横轴，y 是纵轴。写一个程序，判断一个给定的点是否在这个正方形内(包括正方形边界)。

【输入格式】输入 1 行，包括两个整数 x，y，以一个空格分开，表示坐标(x，y)。

【输出格式】输出 1 行，如果点在正方形内，则输出 yes，否则输出 no。

【输入样例】1　1

【输出样例】yes

作业

题目 1

小创约朋友晶晶下周一起去看展览，但晶晶每周的一、三、五有课，她必须去上课，请帮晶晶判断她能否接受小创的邀请，如果能输出 YES；如果不能则输出 NO。

【输入格式】输入有 1 行，小创邀请晶晶去看展览的日期，用数字 1～7 表示从星期一到星期日。

【输出格式】输出有 1 行，如果晶晶可以接受创创的邀请，输出 YES，否则，输出 NO。

注意 YES 和 NO 都是大写字母！

【样例输入】2

【样例输出】YES

题目 2

给定一个整数，判断它能否被 3，5，7 整除，并输出以下信息：

(1) 能同时被 3，5，7 整除（直接输出 3，5，7，每个数中间一个空格）；

(2) 只能被其中两个数整除（输出两个数，小的在前，大的在后。例如：3　5 或者 3　7，或者 5　7，中间用空格分隔）；

(3) 只能被其中一个数整除（输出这个除数）；

(4) 不能被任何数整除，输出小写字符'n'，不包括单引号。

【输入格式】输入 1 行，包括一个整数。

【输出格式】输出 1 行，按照描述要求给出整数被 3，5，7 整除的情况。

【样例输入】105

【样例输出】3　5　7

题目 3

游乐园规定，年龄 12 岁以上（包括 12 岁）或身高超过 150 厘米的孩子就不能再购买儿童票，请编写一个程序判断一个孩子是否可以购买儿童票。

【输入格式】输入 1 行，包含两个整数，先输入年龄，后输入身高（单位为厘米），以空格分隔。

【输出格式】输出 1 行，如果孩子可以购买儿童票，输出 YES，否则输出 NO。

【样例输入】10　153

【样例输出】NO

延伸阅读

第一台电子计算机

1946 年 2 月，在美国宾夕法尼亚大学诞生了世界上第一台电子计算机 ENIAC（electronic numerical integrator and computer），其发明者是美国人莫克利（John W. Mauchly）和艾克特（J. Presper Eckert），这台计算机占地 170 平方米，重 30 吨，用了 18000 多个电子管，每秒能进行 5000 次加法运算。

第 9 课　多条道路的选择

——switch 语句

在第 7 课，我们帮助了小创同学克服了一些选择困难，但是在面对更多的选择的时候，有没有更好的方法呢？这一课来探究一下 switch 语句的使用吧！

阅读与思考

switch 语句是一种开关语句，在学习它之前首先让我们认识一些关键的英语词汇。

switch：开关、切换。switch 语句适用于多个分支选择的情况。

case：案例、情况。与 switch 配对使用，当变量表达式与 case 的常量相符时开始执行语句。

default：默认。位于语句块末尾，当没有 case 与变量表达式相符时，执行语句。

break：终止、中断、结束。执行 break 时，终止 switch 语句体。

知识讲解

在这一课，我们需要对运算符的知识做一些补充。

1. 单目、双目、三目运算

运算符分为单目运算符、双目运算符和三目运算符。

目，即运算符做运算时需要的操作数（变量或常量）的个数。

单目运算符：需要一个操作数就能进行运算的符号。比如：!a、a++、a--。

双目运算符：需要两个操作数才能进行运算的符号。比如：a+b、a-b。

三目运算符：需要三个操作数才能进行运算的符号。比如：int a=b>c? b:c。

对于单目、双目运算符前面已经接触到了，这里不再讲解了，重点介绍一下三目运算符。首先看一下三目运算符的格式：

表达式 a？表达式 b：表达式 c

可以看到三目运算符一共包含了三个表达式：

表达式 a：可以是逻辑表达式，也可以是关系表达式。

表达式 b 与表达式 c：可以是常量表达式，也可以是赋值表达式。

三目运算逻辑是：当表达式 a 结果为真时，整个三目运算的结果为表达式 b 的值；当表达式 a 结果为假时，整个三目运算的结果为表达式 c 的值。

运行以下程序，看一看结果吧。

```
#include<iostream>
using namespace std;
int main(){
    int a;
    3>4? a=5:a=6;
    cout<<a;
    return 0;
}
```

2. switch 语句

switch 语句又称为开关语句，主要应用于选择结构多分支的情况下，其格式和写法如下：

```
switch (表达式){
    case 常量表达式 1:    语句 1........;
  break;
    case 常量表达式 2:    语句 2........;
  break;
    case 常量表达式 3:    语句 3........;
  break;
    case 常量表达式 4:    语句 4........;
  break;
  ......(可以有很多的 case)
  default:语句 n+1........;
               }
```

switch 语句的执行逻辑是：当表达式的值与某个常量表达式相等时，程序便会执行此 case 后面的内容，直到遇到 break 为止。当没有常量表达式与表达式相等时，便执行

default 后面的内容。需要注意的是：如果没有 break 语句，程序从某个 case 进入之后，便会执行后面全部的语句。

还有一点需要补充：default 在 switch 中不是必须要写的，可以根据实际情况来决定。

运行下面两个程序，看一看结果吧。

```
#include<iostream>
using namespace std;
int main(){
    int a;
    cin>>a;
    switch(a){
      case 1:cout<<"A"<<endl;
      case 2:cout<<"B"<<endl;
      case 3:cout<<"C"<<endl;
      case 4:cout<<"D"<<endl;
      default:cout<<"E"<<endl;
      }
    return 0;
    }
```

```
#include<iostream>
using namespace std;
int main(){
    int a;
    cin>>a;
    switch(a){
      case 1:cout<<"A"<<endl;
      break;
      case 2:cout<<"B"<<endl;
      break;
      case 3:cout<<"C"<<endl;
      break;
```

```
        case 4:cout<<"D"<<endl;
        break;
        default:cout<<"E"<<endl;
        }
    return 0;
}
```

分别输入1、2、3、4、5并运行两个程序，看一看有什么不同的结果，然后思考并写出原因吧。

课堂练习

题目1

输入一个不大于100的整数作为考试成绩，如果90分及90分以上为A等，获60分及以上且不到90分为B等，60分以下为C等，编程输出成绩所属的考试等级。

使用switch语句完成该功能！

【输入格式】输入一个整数n（$0\leqslant n\leqslant 100$）。

【输出格式】输出一个字符。

【样例输入】91

【样例输出】A

题目2

做一个最简单的计算器，支持+，－，*，/ 四种运算。仅需考虑输入输出为整数的情况，数据和运算结果不会超过int表示的范围。

【输入格式】输入只有1行，共有3个参数，其中第1、2个参数为整数，第3个参数为操作符（+、－、*、/）。

【输出格式】输出只有1行，一个整数，为运算结果。然而：

（1）如果出现除数为0的情况，则输出：除数为0！

（2）如果出现无效的操作符（即不为 +，－，*，/ 之一），则输出：操作符无效！

作业

题目 1

已知 2017 年 10 月 1 日是星期日，输入任意一个整数代表 10 月份的一天，求这一天是星期几(比如输入 5，就代表 10 月 5 日)。

【输入格式】输入 1 行，包含一个整数 n($1\leqslant n\leqslant 31$)。

【输出格式】输出 1 行，表示这一天是星期几。

【样例输入】1

【样例输出】星期日

题目 2

使用三目运算符实现比较三个数的大小，输出最小值。

【样例输入】20　30　10

【样例输出】10

题目 3

定义编程实现 1、2、3 三种不同型号的包，价格分别为 240 元、180 元、120 元。

【样例输入】1

【样例输出】240 元

题目 4

有四种水果：苹果(apples)、梨(pears)、橘子(oranges)和葡萄(grapes)，单价分别是 3.00 元/千克、2.50 元/千克、4.10 元/千克和 10.20 元/千克。

在屏幕上显示以下菜单(编号和选项)：当用户输入编号 1～4，显示相应水果的单价(保留 1 位小数)；输入其他编号，显示“没有该商品”。

【样例输入】3

【样例输出】oranges　4.1 元/千克

延伸阅读

中央处理器(CPU)的发展

第一阶段(1971—1973 年):4 位处理器时代。这个阶段的 CPU 主要是 Intel 4004(世界上第一款微处理器)和 Intel 8008。因为技术的限制,集成度非常低,约为 4000 个晶体管/片,指令集也很简单。而在这个阶段 CPU 几乎很少出现在民用的"电脑"中。

第二阶段(1974—1977 年):8 位处理器时代。典型的产品是 Intel 8080 和 8085。因为技术的提升,集成度提高了 4 倍,因此 CPU 的性能也得到了明显的提升,指令集更加完善。个人电脑开始进入民用消费类市场。

第三阶段(1978—1984 年):16 位处理器时代。典型的产品是 Intel 8086 和 8088。CPU 的制造工艺得到了明显的提升,集成度和运算速度方面也是如此,达到 20000～70000 个晶体管/片。比上一代几乎提升了一个数量级!IBM 公司开始推出了个人电脑,6 年间个人电脑几乎火遍全球,人们逐渐认识到了电脑为我们的工作带来的便利。

第四阶段(1985—1992 年):32 位处理器时代。Intel 推出了我们所熟悉的 80386 和 80486。集成度高达 100 万个晶体管/片。电脑逐渐被大众所认可。

第10课 循环的怪圈

——while 语句

小创在 C++ 编程王国里，接到了一个新的任务，他需要做一些重复的事情，这一课我们就一起帮助小创同学完成任务吧。

阅读与思考

首先给大家讲解一下什么是循环，否则后面会让人非常困惑。

假设一下，今天是新生入学，我们是引导的老师，我们会问一位同学，你是哪个班的？然后他回答一班，那么我们就要指引他们去一班的方向；然后我们再问下一位同学，你是哪个班的？他回答二班，那么我们就要指引他去二班；然后再问下一位，他回答一班，那么我们就要指引他去往一班，这个反复询问的过程，就叫循环。

我们反复做的一件事就是循环过程。现在大家对循环一定有点初步的领悟了。

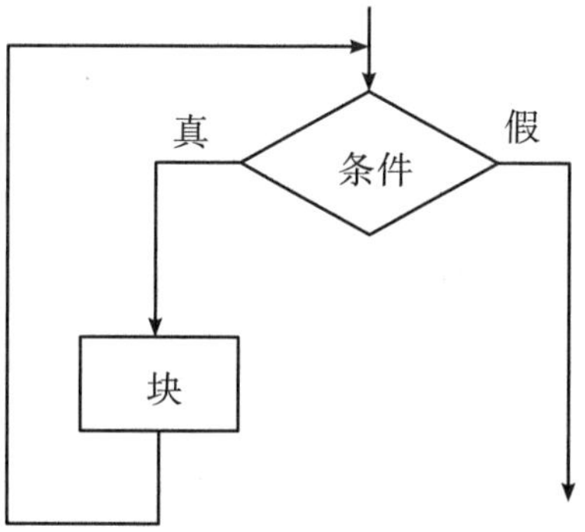

知识讲解

1．while 语句的一般格式

while 语句是计算机的一种基本循环模式。当满足条件时进入循环，当条件不满足时，跳出循环。

while 语句的一般格式为：

```
while(表达式){
    循环体；
}
```

2. while 语句的执行过程

while 语句的执行过程如下：先判断表达式的结果是否为真，如果为真就执行一次循环体的内容，执行完之后再次判断表达式是否为真，如果为真再一次执行循环体的内容，如此循环直到表达式为假，才结束循环。

运行下面的程序，看一看结果吧。

```
#include<iostream>
using namespace std;
int main(){
    int a=1;
    while(a<=100){
        cout<<a<<endl;
        a=a+1;
        }
    return 0;
}
```

通过上面的程序，你有什么发现呢？修改什么地方可以让程序运行得更久呢？如果把程序里的 a=a+1 删去，又会有什么样的结果呢？快动手试一试吧。

课堂练习

题目 1

编写一个程序，用 while 循环实现输出 1～100 中的所有奇数。

【输入格式】无。

【输出格式】输出 1 行，内容包括 1～100 中的所有奇数，每两个数之间以空格分隔。

题目 2

编写一个程序，使用 while 语句计算 1+2+3+…+100 的结果。

【输入格式】无。

【输出格式】输出 1 行，内容包含一个整数，为求和的运算结果。

【样例输出】5050

作业

题目 1

给定一个整数，请将该数各个位置上的数翻转得到一个新数。新数也应满足整数的常见形式，即除非给定的原数为 0，否则翻转后的新数最高位不可为 0。

比如 380，翻转后得到的新数为 83。

【输入格式】输入 1 行，内容为一个整数 n（$-1000000000 \leqslant n \leqslant 1000000000$）。

【输出格式】输出 1 行，内容为一个整数，表示翻转后的新数。

【样例输入 1】123

【样例输出 1】321

【样例输入 2】240

【样例输出 2】42

题目 2

一球从某一高度落下（整数，单位为米），每次落地后反弹回原来高度的一半，再落下。编程计算气球在第 10 次落地时能反弹多高。

【输入格式】输入 1 行，包含一个整数 h，表示球的初始高度。

【输出格式】输出 1 行，包含一个整数或小数，表示第 10 次弹跳的高度。

【样例输入】20

【样例输出】0.01953125

延伸阅读

兔子数列

历史上有一个有名的关于兔子的问题:假设有一对兔子,长 2 个月它们就算长大成年了。然后以后每个月都会生出 1 对兔子,生下来的兔子也都是长 2 个月就算成年,然后每个月也都会生出 1 对兔子来。这里假设兔子不会死,每次都是只生 1 对兔子。

第一个月:只有 1 对小兔子。

第二个月:小兔子还没长成年,还是只有 1 对兔子。

第三个月:兔子长成年了,同时生了 1 对小兔子,因此有 2 对兔子。

第四个月:成年兔子又生了 1 对兔子,加上自己及上月生的小兔子,共有 3 对兔子。

第五个月:成年兔子又生了 1 对兔子,第三个月生的小兔子现在已经长成年了且生了 1 对兔子,加上本身 2 只成年兔子及上月生的小兔子,共 5 对兔子。

这样过了一年之后,会有多少对兔子呢?

第11课 变身的循环

——do…while 循环

小创在前面学习了 while 循环，今天他又遇到了一个与 while 循环长得很像的一个循环，究竟是什么循环呢？让我们一起来看看吧！

阅读与思考

do…while 和 while 循环有相似之处，但使用方法完全不同，一个是直到型循环，另一个是当型循环。区别在于表达式的值在 while 中是每次循环开始时检查，而在 do…while 中是每次循环结束时检查。和 while 相比，do…while 的循环语句保证会执行一次（表达式的真值在每次循环结束后检查），然而在 while 循环中就不一定了（表达式真值在循环开始时检查，如果一开始就为 false，则整个循环立即终止）。

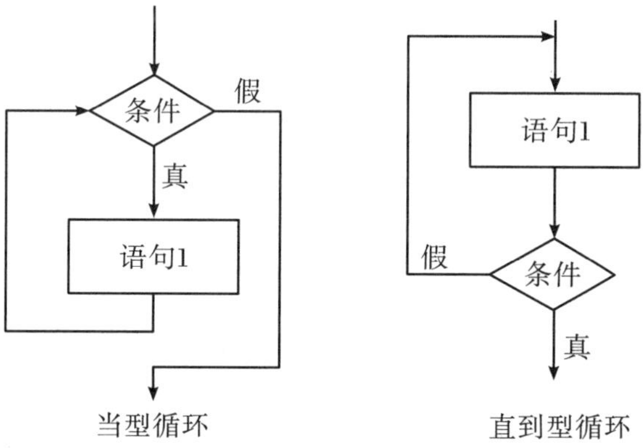

知识讲解

1．do…while 的一般格式

```
do{
  循环体;
```

```
}while（条件表达式）;
```

2. do…while 的执行过程

do…while 的执行过程如下：先执行一次循环体的内容。然后计算表达式的值，若为真，则再执行一次循环体的内容，如此循环，直到表达式的值为假时，结束循环。

运行下面的程序，看一看结果吧。

```
#include<iostream>
using namespace std;
int main(){
    int a=1;
    do{
        cout<<a<<endl;
        a=a+1;
    }while(a<=100);
    return 0;
}
```

通过上面的程序，你又有什么发现呢？能感受到 while 和 do…while 的区别了吗？

课堂练习

题目 1

编写一个程序，用 do…while 循环实现输出 1～100 中的所有偶数。

【输入格式】无。

【输出格式】输出 1 行，内容包括 1～100 的所有偶数，每两个数之间以空格分隔。

题目 2

编写一个程序，使用 do…while 计算 1+2+3+…+100 的结果。

【输入格式】无。

【输出格式】输出 1 行，内容包含一个整数，为求和的运算结果。

【样例输出】5050

题目 3

输出 2000—3000 年中有多少个闰年。

提示:闰年的判断条件如下:

(1) 能被 400 整除。

(2) 不能被 100 整除,但能被 4 整除。

【样例输入】无

【样例输出】243

题目 4

输入 N 个整数,求出它们的最小值、最大值和平均值(浮点数)。输入保证这些数都是不超过 100000 的整数。(1≤N≤1000)

【输入格式】输入 2 行:第 1 行为 N 的值(1≤N≤1000),第 2 行分别输出这 N 个正整数的值。

【输出格式】输出 1 行,包含三个整数,依次为最小数、最大数和平均值(浮点数)。

【样例输入】8

2 8 3 5 1 7 3 6

【样例输出】1 8 4.375

作业

题目 1

有一球从某一高度落下(整数,单位为米),每次落地后反跳回原来高度的一半,再落下。编程计算气球在第 10 次落地时,共经过多少米?

【输入格式】输入 1 行,包含一个整数 h,表示球的初始高度。

【输出格式】输出包含 1 行。输出一个整数或小数,表示第 10 次落地时经历的路程。

【样例输入】20

【样例输出】59.9219

题目 2

所谓角谷猜想,是指对于任意一个正整数,如果是奇数,则乘 3 加 1,如果是偶数,则除以 2,得到的结果再按照上述规则重复处理,最终总能够得到 1。如假定初始整数为 5,计算过程分别得到 16、8、4、2、1。

程序要求输入一个整数,将经过处理得到 1 的过程输出来。

【输入格式】一个正整数 N(N≤2000000)。

【输出格式】从输入整数到 1 的步骤,每一步为一行,每一步中描述计算过程。最后一行输出“End”。如果输入为 1,直接输出“End”。

【样例输入】5

【样例输出】5*3+1=16

16/2=8

8/2=4

4/2=2

2/2=1

End

题目 3

编程求解下式的值:S=1+3+5+7+…+n。

【输入格式】输入 1 行,只有一个整数 n(1≤n≤1000)。

【输出格式】输出只有 1 行(这意味着末尾有一个回车符号),包括一个整数。

【样例输入】100

【样例输出】2500

延伸阅读

不可思议的集成电路

1958 年,就职于德州仪器公司的杰克·基尔比,发明了基于锗(Ge)的集成电路。1959 年,罗伯特·诺依斯(Intel 创始人之一)也想到了同样的方法,发明了基于硅(Si)的集成电路,他们后来为谁先发明集成电路而争论不休。集成电路可在几平方毫米的单晶硅片上集成十几个甚至上百个电子元件。计算机的体积、重量、功耗进一步减小,运算速度、存储容量、可靠性都有很大提高。

仅仅在其开发后半个世纪,集成电路变得无处不在,电脑、手机和其他数字电器成为现代社会结构不可缺少的一部分。现代计算、交流、制造和交通系统,包括互联网,全都依赖于集成电路的存在。甚至很多学者认为由集成电路带来的数字革命是人类历史中最重要的事件。

第12课 循环综合体

——for 循环

在前面的学习中，我们已经了解，对于 while 和 do…while 循环而言，循环的括号里只写了一个表达式，今天来学习一下含多个表达式的循环。

阅读与思考

仔细观察 while 循环，就会发现，如果需要让一个循环能够自然地完成，至少要在代码当中体现出三个要素：循环的初始状态；循环的继续条件；每次循环状态的改变。

但是 while 循环的语法比较灵活，并没有强制要求三个要素出现的位置，如果出现循环嵌套的情况，代码的可读性会出现问题，所以我们还可以使用 for 循环。

for 循环把与循环有关的要素都集中写到了一起，使用分号来分割，这就使循环的代码的维护变得非常方便。在 while 循环中，循环控制变量的初始化一般放在 while 语句之前，循环控制变量的修改一般放在循环体中，形式上不如 for 语句简洁，但比较适用于循环次数不易预知的情况（用某一条件控制循环）。在 for 循环中，循环控制变量的初始化和修改都放在语句开头部分，特别适用于循环次数已知的情况。

知识讲解

1. for 的一般格式

for 语句是一个结构复杂的语句，虽然简化代码，如果用不熟也会适得其反。与 while 的区别是它的小括号里由三个部分组成：定义初始变量、条件表达式、变化量。具体格式如下：

```
for(定义初始变量 1;表达式 2;变化量 3){
    循环体 4;
}
```

2．for 的执行过程

for 的执行过程如下：首先执行一次定义初始变量的部分，定义初始变量的部分在整个循环中只会被执行一次。之后计算表达式的值，若为真，则执行一次循环体的内容，之后再执行一次变化量的部分，若为真，则再一次执行循环体的内容，如此循环，直到表达式的值为假时，结束循环。

为了便于理解，执行顺序可以这样理解，就像我们走楼梯进入班级：先站在第一级（开始），只要没到顶（条件），就迈一步（做事），然后抬脚到下一级（调整）。重复迈步和抬脚，直到走完所有台阶为止。

运行下面的程序，看一看结果吧。

```
#include<iostream>
using namespace std;
int main(){
    for(int i=1;i<=100;i++){
        cout<<i<<endl;
    }
    return 0;
}
```

课堂练习

题目 1

编写一个程序，用 for 循环输出 1～100 之间的奇数。

【输入格式】无。

【输出格式】每行输出一个奇数，输出完成后换行。

题目 2

使用 for 循环计算 1+2+3+…+100 的结果。

【输入格式】无。

【输出格式】按要求输出结果。

【样例输出】5050

题目 3

打印出所有的“水仙花数”。所谓“水仙花数”是指一个三位数，其各位数字立方和等于该数本身。比如 153 是一个水仙花数，153 = 1 的三次方 + 5 的三次方 + 3 的三次方。

【输入格式】无。

【输出格式】输出 1 行，为所有水仙花数，各数字之间空一格。

【样例输出】153　370　371　407

题目 4

老师想让小创计算一下全班同学的英语考试的平均成绩。已知这个班里有 n 名同学，应该怎么计算呢？

【输入格式】输入 2 行：第 1 行输入 n(0<n<100)，表示班级学生数；第 2 行输入 n 个学生的英语成绩。

【输出格式】输出全班同学的英语考试的平均成绩。平均成绩要求保留 2 位小数。

【样例输入】6

57　89　99　100　34　55

【样例输出】72.33

作业

题目 1

输入 k(1<k<100)个整数，其中每个数都大于 1 小于 10。编写一个程序，输出这 k 个整数中 2、5、8 出现的次数。

【输入格式】输入 2 行：第 1 行包含一个整数 k；第 2 行包含 k 个整数，每两个整数间用空格分隔。

【输出格式】输出 1 行，包含 3 个整数，依次为 2、5、8 出现的次数，每两个整数间用空格分隔。

【样例输入】7

2　3　2　7　8　5　6

【样例输出】2　1　1

题目 2

给定一个长度为 n 的非负整数序列，请计算序列的最大跨度值（最大跨度值 = 最大值 - 最小值）。

【输入格式】输入 2 行：第 1 行输入一个整数 n（1≤n≤1000）；第 2 行输入 n 个不大于 1000 的非负整数，整数之间以空格分隔。

【输出格式】输出 1 行，为一个非负整数，表示最大跨度。

【样例输入】6

3 7 6 2 19 20

【样例输出】18

题目 3

小创参加了今年的编程大赛，斩获了不少奖项。他一共参加了 n 个项目的比赛，比赛结果有金牌、银牌、铜牌和未获奖四种情况，分别用 J、Y、T 和 N 来表示，让我们一起来统计一下他的战果吧！

【输入格式】输入 2 行：第 1 行有一个整数 n（1≤n≤100），表示小创参加比赛的数量；第 2 行有用空格隔开的 n 个字符，每个字符表示小创每个项目的比赛结果，一定是 J、Y、T 和 N 中的一个。

【输出格式】输出 1 行，为三个空格隔开的整数，分别表示小创获得的金牌、银牌和铜牌的个数。

【样例输入】4

J J Y T

【样例输出】2 1 1

延伸阅读

计算机硬件

计算机硬件的五大组成部分：

(1) 控制器，是计算机的控制系统。

(2) 运算器，是计算机的运算系统。

(3) 存储器，是计算机存储系统。

(4) 输入设备，是向计算机输入数据和信息的设备，包括键盘鼠标、摄像头、触摸屏等。

(5) 输出设备，包括显示器、音响、打印机等。

计算机硬件系统的组成

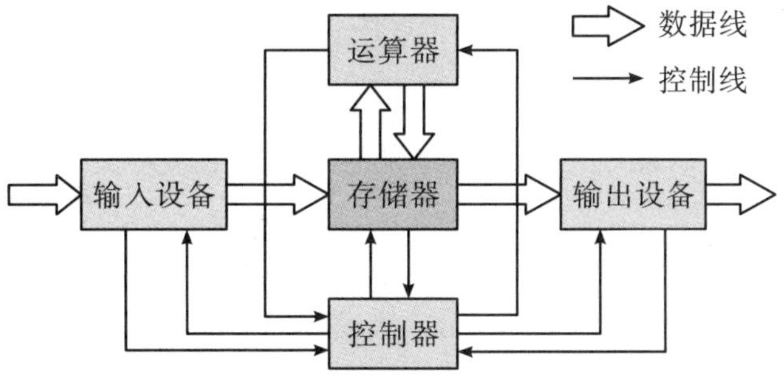

第13课 循环的跳跃

——continue语句

对于有些循环，再循环下去已经没有必要，我们需要跳过去，那有没有方法可以跳过无用的循环呢？

阅读与思考

continue语句的作用是结束本次循环，即跳过循环体中下面尚未执行的语句，进行下一次是否执行循环的判定。

在循环中使用continue，意味着不再执行continue之后的代码，继续下一次循环，一般可以作为循环中的条件筛选。

在循环体中设置continue语句，同样可以改变循环的执行流程，只不过它不像break语句那样结束整个循环体，而是仅结束本次循环体，提前进入下一次循环。

关于break语句，我们会在下一课具体探讨其用法与作用。

知识讲解

1. continue语句介绍

（1）continue语句只结束本次循环，立即进入下一次循环，并不是终止整个循环。continue语句只能在循环语句中使用，即只能在for、while和do…while中使用，除此之外，continue不能在任何语句中使用。

（2）对于continue语句在switch中的使用，需要注意的是switch在循环体中。此时continue表示的也是结束循环体的本次循环，跟switch本质上是没有关系的。

运行以下程序，看一看结果吧。

```
#include<iostream>
using namespace std;
int main(){
```

```
    for(int i=1;i<=100;i++){
        if(i%3==0){
            continue;
        }
        cout<<i<<endl;
    }
    return 0;
}
```

课堂练习

题目 1

编写一个程序，输出 m 到 n(1≤m≤n≤1000)之间所有不能被 3 整除的数。

【输入格式】依次输入 m、n，m 与 n 之间以空格分隔。

【输出格式】每行输出一个数字，输出完成之后换行。

【样例输入】21 33

【样例输出】22 23 25 26 28 29 31 32

题目 2

使用 for 循环计算 1+3+5+…+999 的结果。

【输入格式】无。

【输出格式】按要求输出结果。

【样例输出】250000

题目 3

使用 for 循环计算 1～10000 内同时是 2 和 3 的倍数的数字的和。

【输入格式】无。

【输出格式】按要求输出结果。

【样例输出】83316666

题目 4

使用 continue 语句打印出所有的“水仙花数”。所谓“水仙花数”是指一个三位数，其各位数字的立方和等于该数本身。比如 153 是一个水仙花数，153 = 1 的三次方 + 5 的三次方 + 3 的三次方。

【输入格式】无。

【输出格式】每行输出一个水仙花数，输出完成后换行。

【样例输出】153

370

371

407

作业

题目 1

输入 k(1<k<100)个整数，其中每个数都大于 1、小于 100。编写一个程序，输出这 k 个整数中大于等于 60 的数的个数。

【输入格式】输入 2 行：第 1 行包含一个整数 k；第 2 行包含 k 个整数，每两个整数间用空格分隔。

【输出格式】输出 1 行，包含 1 个整数，表示大于等于 60 的数的个数。

【样例输入】7

98 86 95 65 59 92 45

【样例输出】5

题目 2

使用 for 循环结合 continue 语句计算 1 + 3 + 5 + … + 99 的结果。

【输入格式】无。

【输出格式】按要求输出结果。

【样例输出】2500

题目 3

找出 1～10000 内 7 的倍数有多少个，并输出这些数字的和。

【输入格式】无。

【输出格式】输出 2 个数字，第一个数是多少个，第二个数是它们的和。

【样例输出】1428　7142142

延伸阅读

控　制　器

控制器作为计算机的控制系统，是计算机的神经中枢，指挥全机中各个部件自动协调工作。在控制器的控制下，计算机能够自动按照程序设定的步骤进行一系列操作，以完成特定任务。

第 14 课 循环的中断

——break 语句

对于有些循环再循环下去，已经没有必要了，我们需要跳出循环，那有没有方法可以跳过无用的循环呢？

阅读与思考

单词“break”具有打断的意思，在 C 或 C++ 中 break 可以用在 switch 语句和循环语句中，前者是用于跳出 switch 语句，而后者是用于终止循环的循环控制语句，一旦在循环中遇到 break 语句，循环就停止。

需要注意的是，当 break 出现在循环体中的 switch 语句体内时，作用只是跳出该 switch 语句体，并不能终止循环体的执行。若想强行终止循环体的执行，可以在循环体中，但并不在 switch 语句中设置 break 语句，满足某种条件则跳出本层循环体。

知识讲解

1. break 语句在循环中的使用

当 break 语句出现在一个循环内时，循环会立即终止，且程序将继续执行紧接着循环的下一条语句。如果使用的是嵌套循环（即一个循环内嵌套另一个循环），break 语句会停止执行最内层的循环，然后开始执行该块之后的下一行代码。

2. break 语句在 switch 中的使用

它可用于终止在 switch 语句的 case 语句。对于具体的使用，我们在第 9 课已经介绍过，这里就不再赘述了。

运行以下程序，看一看结果吧。

```
1：#include<iostream>
2：using namespace std;
```

```
int main(){
    for(int i=1;i<=100;i++){
        if(i==55){
            break;
        }
        cout<<i<<endl;
    }
    return 0;
}
```

课堂练习

题目 1

编写一个程序，输出 m 到 n（1≤m≤n≤1000）之间第一个不能被 3 整除的数。

【输入格式】依次输入 m、n，m 与 n 之间以空格分隔。

【输出格式】每行输出一个数字，输出完成之后换行。

【样例输入】21　33

【样例输出】22

题目 2

使用 for 循环计算 500～1000 之间的第一个素数。

【输入格式】无。

【输出格式】按要求输出结果。

【样例输出】503

题目 3

找出 100～999 中的第二个“水仙花数”。所谓“水仙花数”是指一个三位数，其各位数字的立方和等于该数本身。比如 153 是一个水仙花数，153＝1 的三次方＋5 的三次方＋3 的三次方。

【输入格式】无。

【输出格式】按要求输出结果。

【样例输出】370

题目 4

使用 for 循环计算 500～1000 之间的最后一个素数。

【输入格式】无。

【输出格式】按要求输出结果。

【样例输出】997

作业

题目 1

有这样的两位数，其十位上的数字比个位上的数字要大，且十位和个位上的数字之和为偶数，请找出满足条件的最大的 2 位数。

【输入格式】无。

【输出格式】输出满足条件的 2 位数。

题目 2

有这样的三位数，其百位、十位、个位的数字之和为偶数，且百位大于十位，十位大于个位，请输出满足条件的最小整数。

【输入格式】无。

【输出格式】输出满足条件的整数。

题目 3

有这样一个四位数，其千位和百位之和为偶数，十位和个位之和为奇数，且前两位之和大于后两位之和，且含有因数 8，请输出满足上述条件的整数。

【输入格式】无。

【输出格式】输出满足条件的整数。

延伸阅读

计算机的运算系统

运算器(arithmetic unit),是计算机中执行各种算术和逻辑运算操作的部件。运算器由算术逻辑单元、累加器、状态寄存器、通用寄存器组等组成。运算器的基本功能包括加、减、乘、除四则运算,与、或、非、异或等逻辑操作,以及移位、求补等操作。计算机运行时,运算器的操作和操作种类由控制器决定。运算器处理的数据来自存储器;处理后的结果数据通常送回存储器,或暂时寄存在运算器中。与控制单元共同组成了 CPU 的核心部分。

第15课 循环的嵌套

——多重循环

小创发现对于一些新的挑战，无法用简单的循环完成，那么能不能用一个循环套另一个循环去解决呢？

阅读与思考

俄罗斯套娃（俄语：матрёшка；英语：matryoshka doll）是俄罗斯特产的木制玩具，一般由多个图案一样的空心木娃娃一个套一个组成，最多可达十多个，通常为圆柱形，底部平坦可以直立。颜色有红色、蓝色、绿色、紫色等。最普通的图案是一个穿着俄罗斯民族服装的姑娘，叫作玛特罗什卡，这也成为这种娃娃的通称。

14世纪，最早起源于莫斯科以南70公里的俄国古镇扎郭尔斯科的套娃，由于世世代代工匠精湛的雕刻和绘画技巧以及俄罗斯民族文化的积淀，受到了各国小朋友和大朋友的喜爱。

知识讲解

1. 循环嵌套的概念

对于一些程序，有时候我们用一次循环不能达到我们的目的，这时，为了满足程序的要求，我们就需要用两个循环同时来进行程序的编写，而为了方便说明，就将两个或两个以上的循环同时使用，称为循环嵌套。循环嵌套时，外层循环执行一次，内层循环从头到尾执行一遍。

对于两层循环：总循环次数 = 内层循环次数 * 外层循环次数。

2. 循环嵌套分类

对于循环嵌套可能很多人的第一理解就是两个 for 循环进行嵌套，其实不然，对于 3 种循环（while 循环、do…while 循环和 for 循环）不仅可以自身嵌套，而且还可以互相嵌套。

例如：输出 3 行 4 列的星星组成的正方形。

思路：(1) 先输出 4 个星星为一行。

(2) 再重复输出三次这样的一行星星。

```
* * * *
* * * *
* * * *
```

具体代码如下：

```
#include<iostream>
using namespace std;
int main(){
    for(int i=1;i<=3;i++){
        for(int j=1;j<=4;j++){
            cout<<"* ";
        }
    cout<<endl;
    }
    return 0;
}
```

课堂练习

题目 1

用 for 循环实现输出 1 至 9 的乘法表。

【输入格式】无。

【输出格式】1 * 1 = 1

```
1*2=2  2*2=4
1*3=3  2*3=6  3*3=9
......
```

题目 2

请打印 n 行的星号倒直角三角形。

【输入格式】一个整数 n(n<10)。

【输出格式】输出如下所示。

【样例输入】3

【样例输出】
```
* * *
* *
*
```

题目 3

公鸡 5 元 1 只,母鸡 3 元 1 只,小鸡 3 只 1 元,用 100 元买 100 只鸡,其中公鸡、母鸡、小鸡都必须要有,问公鸡、母鸡、小鸡要买多少只刚好凑足 100 元钱。

【输入格式】无。

【输出格式】每行输出一组答案,依次输出买入公鸡数量、母鸡数量、小鸡数量,中间用空格分隔。各组答案之间用换行分隔。

【样例输出】
```
4 18 78
8 11 81
12 4 84
```

题目 4

打印 n 行的空心正方形。

【输入格式】一个整数 n(n<10)。

【输出格式】n 行的空心正方形。

【样例输入】4

【样例输出】
```
*   *   *   *
*           *
*           *
*   *   *   *
```

作业

题目 1

求出 N 以内的全部素数，并按每行五个数显示。

【输入格式】一个整数 N(N≤1000)。

【输出格式】依题意，输出满足条件的数！

【样例输入】30

【样例输出】
```
2	3	5	7	11
13	17	19	23	29
```

题目 2

已知 N！=1×2×…×N；例如：5！=1×2×3×4×5=120；编程求 1！+2！+3！+…+N！。

【输入格式】输入 1 行，只有一个整数 n(1≤n≤10)。

【输出格式】输出只有 1 行，包括一个整数。

【样例输入】3

【样例输出】9

题目 3

从键盘读入一个整数 n，输出 n 行数字串。如：n=5，输出：

```
12345
12345
12345
12345
12345
```

【输入格式】一个整数 n(n<10)。

【输出格式】n 行的数字串。

【样例输入】4

【样例输出】
```
1234
1234
```

1234

1234

延伸阅读

计算机存储系统

计算机存储器(computer memory)是一种利用半导体、磁性介质等技术制成的存储资料用的电子设备。其电子电路中的资料以二进制方式存储,不同存储器产品中基本单元的名称也不一样。

计算机存储器可分为内部存储器(又称内存或主存)和外部存储器,其中内存是CPU 能直接寻址的储存空间,由半导体器件制成。内存的特点是访问速率快。我们平常使用的程序,如 Windows 操作系统、打字软件、游戏软件等,一般都是安装在硬盘等外部存储器上的,但必须把它们调入内存中运行,才能真正使用其功能。我们平时输入一段文字,或玩一个游戏,其实都是在内存中进行的,数据产生后不断地由内存向外部存储器进行读写。通常我们把要永久保存的、大量的数据储存在外部存储器上,而把一些临时的或少量的数据和程序放在内存上,当然内存的好坏会直接影响电脑的运行速度。

第16课 循环综合运用

——循环复习课

小创在C++编程王国里，学习了各类循环之后，发现循环真有意思。想在循环的难题上大显身手，下面我们一起来看看一些常见的循环问题吧。

循环回顾

1．while 循环

while 语句的一般格式如下：

```
while(表达式){
    循环体;
}
```

2．do…while 循环

do…while 语句的一般格式如下：

```
do{
    循环体;
}while (条件表达式);
```

3．for 循环

for 语句的一般格式如下：

```
for(定义初始变量1;表达式2;变化量3){
    循环体4;
}
```

课堂练习

题目 1

任意输入一个整数，判断它是否为素数（质数）。是的话输出 T，不是的话输出 F。质数（prime number）又称素数，质数的定义为在大于 1 的自然数中，除了 1 和它本身以外不再有其他因数。

【输入格式】输入只有 1 行，包括一个整数 $n(1 \leqslant n \leqslant 10^9)$。

【输出格式】输出只有 1 行。

【样例输入】57

【样例输出】F

题目 2

在 1～n 中，找出能同时满足用 3 除余 2，用 5 除余 3，用 7 除余 2 的所有整数的个数。如果没有请输出 0。

【输入格式】输入 1 行，只有一个整数 $n(1 \leqslant n \leqslant 2000)$。

【输出格式】输出只有 1 行（这意味着末尾有一个回车符号），包括 1 个整数。

【样例输入】100

【样例输出】1

题目 3

请输出 1～n 中至少能够被 2、3、5、7 中两个及两个以上的数整除的数。比如 30，就能够被 2、3、5、7 中的 3 个数整除，就是符合条件的数。

输入一个整数 $n(n \leqslant 200)$。输出 1～n 中满足条件的数，每行 1 个。

【样例输入】20

【样例输出】6　10　12　14　15　18　20

题目 4

将 n 拆成 a + b 的形式，比如 10 = 2 + 8，请注意 10 = 8 + 2 被认为和 10 = 2 + 8 是同一个方案。

【输入格式】1 行，一个数 $n(n \leqslant 100)$。

【输出格式】若干行算式，每行 1 个。

【样例输入】6

【样例输出】6 = 0 + 6

6 = 1 + 5

6 = 2 + 4

6 = 3 + 3

题目 5

求恰好使 s = 1 + 1/2 + 1/3 + … + 1/n 的值大于 X(2≤X≤10)时 n 的值。

【输入格式】输入只有 1 行，包括 1 个整数 X。

【输出格式】输出只有 1 行(这意味着末尾有一个回车符号)，包括 1 个整数。

【样例输入】2

【样例输出】4

作业

题目 1

求一个正整数 n 能够整除几次 2。如 4 可以整除两次 2，100 可以整除两次 2，9 可以整除 0 次 2。

【输入格式】从键盘读入一个正整数 n。

【输出格式】输出一个整数，代表 n 能够整除 2 的次数。

【样例输入】8

【样例输出】3

题目 2

小球从 100 米高处自由落下，着地后又弹回之前高度的一半再落下。经过多少次落地后，小球弹起的高度才会低于 0.5 米？

【输入格式】无。

【输出格式】1 行，一个整数。

题目 3

设 N 是一个四位数，它的 9 倍恰好是其反序数，求 N。

反序数就是将整数的数字倒过来形成的整数。例如:1234 的反序数是 4321 。

【输入格式】无。

【输出格式】输出 N 这个四位数。

题目 4

在一张尺寸为 n 厘米×n 厘米的正方形硬纸板的四个角上,分别裁剪掉一个 m 厘米×m 厘米的小正方形,就可以做成一个无盖纸盒,请问这个无盖纸盒的最大体积是多少?(立方体的体积 V = 底面积×高)

比如:n = 5 ,那么裁掉的小正方形的尺寸可能是 1 厘米、2 厘米。

如果裁掉 1 厘米的四个小正方形,得到纸盒的体积 = (5 - 2)×(5 - 2)×1 = 9(立方厘米)。

如果裁掉 2 厘米的四个小正方形,得到纸盒的体积 = (5 - 4)×(5 - 4)×2 = 2(立方厘米)。

因此,裁掉边长为 1 厘米的四个小正方形得到的纸盒体积最大,最大体积为 9 立方厘米。

【输入格式】一个整数 n,代表正方形纸板的边长。

【输出格式】纸盒的最大体积。

【样例输入】5

【样例输出】9

题目 5

某公园门票价格为:成人票 8 元/张,儿童票 3 元/张;某旅游团来公园游玩,该团内有成人和儿童(成人和儿童都有),共花了 120 元买门票。请你分别计算出成人和儿童可能的人数,按照成人从少到多,儿童从多到少的规律数出结果。

【输入格式】无。

【输出格式】若干行,每行 2 个整数用空格隔开,分别代表成人和儿童可能的人数(成人从少到多,儿童从多到少)。

第17课 变量的队伍

——一维数组

通过前面的学习，小创已经掌握了 C++ 的一些基本的语法，但是在面对更多类似变量的时候，小创发现工作量增加了很多，那么有没有更好的方法呢？下面让我们一起来探讨一下吧！

阅读与思考

前面我们已经学习了变量和数据类型，变量就像一个容器，可以存储不同的内容。

int age = 10;//定义一个变量 age 代表年龄，并且设置这个 age 的值为 10。

但是前面我们所学习的变量有一个缺点，这类变量只能存储一个数值。举一个例子，在我们班上有 45 位同学，我们需要记录每个同学的年龄，并且计算这个班级的同学的平均年龄。

```
int age1, age2, age3,…,age45;
cin >> age1 >> age2 >> age3 >>…>> age45;
cout << (age1 + age2 + age3 + … + age45) / 45 << endl;
```

难道我们要定义 45 个变量吗？像上面的实例代码一样，显得既冗长又不优雅，如果要求计算全学校的平均年龄呢？

知识讲解

1. 数组的概念

简单来说，数组就是一组相同类型变量的队伍，这个队伍的每个成员都有自己的编号，常见的有整型数组、字符型数组，整型数组就是存放一组整数的数组。因此可以定义：数组是有序的元素序列，是有限个类型相同的变量的集合。具体格式如下：

数组类型　数组名[数组的空间个数]

例如：

int a[5]；//意思是申请了可以存放 5 个整型变量的数组。每个空间具体的名字是：a[0]、a[1]、a[2]、a[3]、a[4]。

那为什么没有 a[5]呢？同学们思考一下吧！

2. 数组的初始化

在定义一个一维数组的同时，可以给数组中的元素赋初值。

格式：数组类型 数组名[数组空间个数]={值 1，值 2，…}

例如：

int a[5]={1,2,3,4,5}相当于：a[0]=1；a[1]=2；a[2]=3；a[3]=4；a[4]=5。

数组的其他初始化如下：

(1) 不完全初始化

int a[10]={1,2,3}；//前三位赋值为 1、2、3，后面全为 0。

(2) 不指定大小的初始化

int a[]={1,2,3,4}；//由于未指定大小，系统会根据后面的赋值情况，来自动确定数组空间的个数，因为后面有四个赋值，因此数组空间的个数为 4。

3. 数组的越界

C++语言规定，使用数组时，要注意：① 数组元素的下标值为正整数；② 在定义元素个数的下标范围内使用。然而，如果在程序中把下标写成负数、大于数组元素的个数，程序编译的时候是不会出错的。

例如：int a[10]；a[-3]=5；a[20]=15；a[10]=20；这些语句的语法是正确的，能够通过程序的编译。然而，它们要访问的数组元素并不在数组的存储空间内，这种现象叫数组越界。

4. 数组的使用

数组的使用也称数组的访问，上面我们已经了解到对于空间为 n 的数组，它的空间编号是从 0 开始到 n-1 结束。例如：int a[5]，每个元素的访问为：第 1 个 a[0]、第 2 个 a[1]、第 3 个 a[2]、第 4 个 a[3]、第 5 个 a[4]。

运行下面的程序，看一看结果吧。

```
1: #include<iostream>
```

```
using namespace std;
int main(){
        int a[5]={1,2,3,4,5};
        cout<<a[0]<<endl;
        cout<<a[1]<<endl;
        cout<<a[2]<<endl;
        cout<<a[3]<<endl;
        cout<<a[4]<<endl;
        return 0;
}
```

课堂练习

题目 1

定义一个可以放 5 个整型数据的数组，并分别赋值为 1、2、3、4、5。

【输入格式】无。

【输出格式】1　2　3　4　5。

题目 2

定义一个可以放 5 个整型数据的数组，从键盘输入 5 个数据，统计这些数据的和。

【输入格式】输入 5 个整型数据。

【输出格式】这 5 个整型数据的和。

【样例输入】5、8、2、3、7

【样例输出】25

题目 3

定义一个可以放 10 个整型数据的数组，从键盘输入 10 个数据，并将数据反向输出。

【输入格式】输入 10 个整型数据。

【输出格式】这 10 个整型数据反向输出。

【样例输入】5、8、2、3、7、6、4、9、7、3

【样例输出】3、7、9、4、6、7、3、2、8、5

题目 4

输入 n 个整数，请找出这些数中最小的数。

【输入格式】第 1 行输入数组元素的个数 n(2≤n≤200)；第 2 行输入 n 个整数，用空格分开(0≤数组元素≤40000)。

【输出格式】最小的数。

【样例输入】4

3 2 6 1

【样例输出】1

作业

题目 1

输入 n 个整数，将其中的奇数和偶数分别显示出来(1<n<30)。

【输入格式】第 1 行：一个整数 n；第 2 行：n 个用空格隔开的整数。

【输出格式】第 1 行：若干个奇数；第 2 行：若干个偶数。(每两个数之间都有一个空格)

【样例输入】10 21 12 33 43 59 68 77 18 19 40

【样例输出】21 33 43 59 77 19

12 68 18 40

题目 2

n 个数中最大的那个数在哪里？输出其位置，若有多个最大的，输出第一个最大的位置即可。

【输入格式】第 1 行：n(3≤n≤10)；第 2 行：空格隔开的 n 个数。

【输出格式】一个数，表示最大数的位置。

【样例输入】5

1 2 6 3 6

【样例输出】3

题目 3

陶陶家的院子里有一棵苹果树，每到秋天树上就会结出 10 个苹果。苹果成熟的时候，陶陶就会跑去摘苹果。陶陶有个 30 厘米高的板凳，当她不能直接用手摘到苹果的时候，就会踩到板凳上再试试。现在已知 10 个苹果到地面的高度，以及陶陶把手伸直的时候能够达到的最大高度，请帮陶陶算一下她能够摘到的苹果的数目。假设她碰到苹果，苹果就会掉下来。

【输入格式】包括 2 行数据。第 1 行包含 10 个 100～200 之间(包括 100 和 200)的整数(以厘米为单位)，分别表示 10 个苹果到地面的高度，两个相邻的整数之间用一个空格隔开。第 2 行只包括一个 100～120 之间(包含 100 和 120)的整数(以厘米为单位)，表示陶陶把手伸直的时候能够达到的最大高度。

【输出格式】包括 1 行，只有一个整数，表示陶陶能够摘到的苹果的数目。

【样例输入】100 200 150 140 129 134 167 198 200 111

110

【样例输出】5

题目 4

从键盘读入 n 个整数，请问这 n 个数从前向后数，0 第一次出现的时候是第几个数？若无 0 这个数字，输出字符 N。

【输入格式】第 1 行有一个整数 n(n⩽1000)。第 2 行有 n 个整数(数值在 int 范围内)。

【输入格式】第 1 行：n(3⩽n⩽10)；第 2 行：空格隔开的 n 个数。

【输出格式】一个数，表示第一次出现的 0 的位置。若无输出字符 N。

【样例输入】9

45 532 2343 2 0 234 39 0 9

【样例输出】5

题目 5

对数组的元素按从小到大进行排序。

【输入格式】第 1 行有一个整数 n(5⩽n⩽10)；第 2 行有 n 个整数，每个整数的值在 $[0, 10^9]$的范围内。

【输出格式】输出排序后的数组。

【样例输入】8

1 2 3 6 8 7 4 5

【样例输出】1 2 3 4 5 6 7 8

延伸阅读

关于数组

数组是数据的一种组织形式，是有限个相同类型变量所组成的有序集合。概念是最重要的，要把握两个词：有限个，相同。

说明数组包含两个特点：

(1) 数组长度是固定的(初始定义)。

(2) 数组里的元素类型相同，不能又是字符串，又是整数型。

概念总是太抽象，下面用故事来举个例子。

某天你心血来潮，去到学校图书馆的一个书架旁边。你发现书按如下顺序排序：《红楼梦》《水浒传》《西游记》《三国演义》《三十六计》。你将这有序的排列，写成数组的形式：

array = ［“红楼梦”，“水浒传”，“西游记”，“三国演义”，“三十六计”］

此外，我们还需要索引的数字来标识每个数据的位置。

红楼梦	水浒传	西游记	三国演义	三十六计
索引0	索引1	索引2	索引3	索引4

你很兴奋，因为你完成了具象到抽象的过程——建模的过程。没错，你了解了数学建模。

第 18 课　变量的方阵

——二维数组

通过上一节课的学习，小创已经掌握了一维数组的相关用法，于是他突发奇想：既然有一维数组，那么有没有二维数组呢？当然有的，这一课让我们一起来探讨一下吧！

阅读与思考

聪明的小朋友一定还记得，我们在前面学习过循环嵌套，讲过关于俄罗斯套娃的故事，俄罗斯套娃是一层套一层，直到最里面的一个结束。同样地，对于数组我们是否也可以数组套数组，一层层套下去呢？在回答这个问题之前，首先回顾一下一维数组，我们知道一维数组是由相同类型组成的集合体。例如：int a[5]可用图表示为：

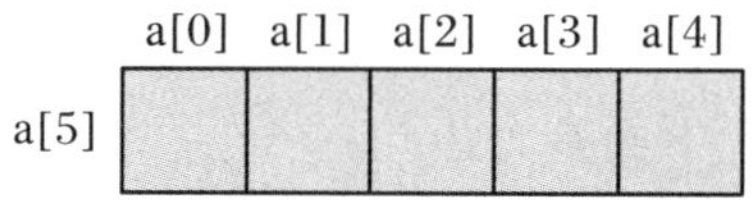

对于上面的图，我们也可以这样理解：有一个叫 a[5]的大仓库，它里面分成 5 个小仓库，这 5 个小仓库分别是：a[0]、a[1]、a[2]、a[3]、a[4]。

如果我们再把这些小仓库继续划分成更小的仓库，如图所示，该如何去定位这些更小的仓库呢？

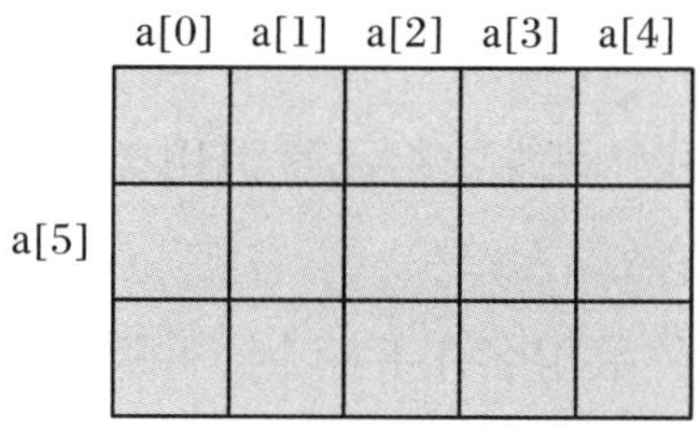

知识讲解

1. 二维数组的概念

通过前面的了解，我们知道二维数组本质上相当于一维数组的每一个元素又是一个一维数组，即“数组的数组”。其具体的使用格式如下：

数组类型　数组名[空间个数1][空间个数2]

例如：

int a[3][5];//意思是申请了可以存放 3×5=15 个整形变量的二维数组。

具体可以这样理解：有一个叫 a[3][5]的“大仓库”，它划分成了 3 个中型仓库，这 3 个中型仓库又各自划分成了 5 个小仓库。

2. 二维数组的初始化

二维数组的初始化和一维数组类似。

(1) 在二维数组定义的同时，可以进行初始化赋值。

例如：int a[2][3]={{1,2,3},{4,5,6}};//分行初始化

int a[2][3]={1,2,3,4,5,6}; //不分行初始化

以上两种初始化都相当于下面 6 个语句：

a[0][0]=1;a[0][1]=2;a[0][2]=3;a[1][0]=4;a[1][1]=5;a[1][2]=6;

(2) 给数组中的部分元素初始化。

例如：int a[2][3]={{1,2},{4}}; 第一行只有 2 个初值，按顺序分别赋值给 a[0][0]和 a[0][1]，第二行的初值 4 赋给 a[1][0]，其他元素默认为 0。

3. 二维数组元素的引用

二维数组的数组元素引用与一维数组元素引用类似，区别在于二维数组元素的引用必须给出两个下标。引用的格式为：

〈数组名〉[下标1][下标2]

说明：显然，每个下标表达式取值不应超出下标所指定的范围，否则会导致致命的越界错误。

例如，设有定义：int a[3][5]; 则表示 a 是二维数组(相当于一个 3×5 的表格)，共有 3×5=15 个元素，它们是：

a[0][0]　a[0][1]　a[0][2]　a[0][3]　a[0][4]

a[1][0]　a[1][1]　a[1][2]　a[1][3]　a[1][4]

a[2][0]　a[2][1]　a[2][2]　a[2][3]　a[2][4]

因此二维数组可以看成一个矩阵(表格),a[2][3]即表示第 3 行第 4 列的元素。

运行下面的程序并输入 15 个数字,看一看结果吧。

```
#include<bits/stdc++.h>
using namespace std;
int main(){
    int a[3][5];
    for(int i=0;i<3;i++){
      for(int j=0;j<5;j++){
        cin>>a[i][j];
      }
    }
      for(int i=0;i<3;i++){
        for (int j=0;j<5;j++){
          cout<<setw(5)<<a[i][j]; //setw(5)表示每个数字占 5 位
          }
        cout<<endl;
        }
        return 0;
   }
```

课堂练习

题目 1

输入整数 N,输出相应方阵。

【输入格式】一个整数 N(0<N≤10)。

【输出格式】一个方阵,每个数字的位宽为 3。

【样例输入】5

【样例输出】1 2 3 4 5
6 7 8 9 10
11 12 13 14 15
16 17 18 19 20
21 22 23 24 25

题目 2

在一个 n×n 矩阵中，两条对角线上数字的和是多少？比如，假设有一个 4×4 的矩阵如下：

1	2	3	4
5	6	7	8
9	10	11	12
13	14	15	16

对角线之和 = 1 + 6 + 11 + 16 + 4 + 7 + 10 + 13 = 68。

【输入格式】第 1 行，有一个整数 n（4～10 之间的偶数），代表矩阵的大小。接下来有 n 行，每行有 n 个整数（这些整数都在 1～10000 之间），数字之间用空格隔开。

【输出格式】输出一个整数，代表两条对角线上数字之和。

【样例输入】6
1 8 9 4 2 3
9 4 8 2 1 5
9 8 7 3 1 8
6 6 8 7 9 6
1 8 8 8 8 9
2 8 9 6 5 3

【样例输出】55

题目 3

编写一个程序，判断一个矩阵是否只由 0 和 1 两个数字构成。

【输入格式】第 1 行两个用空格隔开的正整数 n 和 m（n 和 m 均不大于 10），表示矩阵的大小：一共有 n 行，每行 m 个数字，都在 0～9 之间，表示矩阵中的对应元素。

【输出格式】1 行，包含一个字符串 Yes 或 No。如果矩阵只有 0 和 1 两个数字，输出 Yes；否则输出 No。

【样例输入】3

1 1 1

0 0 1

1 1 0

【样例输出】Yes

题目 4

全班 N 个同学的语文、数学、英语成绩需要按学号输入计算机，输出得分最高的同学的学号和他的语文、数学、英语成绩，请编程实现。

【输入格式】N+1 行，第一行为一个正整数 N(N≤100)，接下来的 N 行每行为 3 个整数，每个实数之间用一个空格分隔，分别表示语文、数学、英语的成绩。

【输出格式】1 行，包括 5 个数，分别表示得分最高的同学的学号，他的语文、数学、英语成绩和总分。

【样例输入】3

92 97 93

87 89 92

95 100 100

【样例输出】3 95 100 100 295

作业

题目 1

有一个 3×4 的矩阵(二维数组)，要求输出该矩阵中的最大元素及其所在的行号(第几行)和列号(第几列)。矩阵中的元素均为整数。

【输入格式】3 行数据，每行 4 个整数，以空格分隔。

【输出格式】1 行，3 个整数。其中第 1 个数为矩阵中的最大值。第 2 个数为最大值所在的行号(行值)。第 3 个数为最大值所在的列号(列值)。

【样例输入】1 2 3 4

9 8 7 6

-10 10 -5 2

【样例输出】10 3 2

题目 2

输入整数 N，输出相应方阵。

【输入格式】一个整数 N(0<N≤10)。

【输出格式】一个方阵，每个数字的场宽为 3。

【样例输入】5

【样例输出】
```
0  0  0  0  1
0  0  0  1  0
0  0  1  0  0
0  1  0  0  0
1  0  0  0  0
```

题目 3

请从键盘输入一个整数 n(n≤100)，代表一个班级同学的人数，然后读入 n 个人的语文、数学、英语成绩。请求出这 n 个人的语文、数学、英语三科成绩的平均分分别是多少，结果保留 1 位小数。

【输入格式】第 1 行：一个整数 n，代表班级的人数。第 2 行～第 n+1 行：输入 n 个同学的语文、数学、英语成绩，每行输入一个同学的成绩，各科成绩用空格隔开！

【输出格式】输出语文、数学、英语三科的平均成绩，分别用空格隔开，平均成绩保留 1 位小数！

【样例输入】
```
2
100  99  98
 99  98  97
```

【样例输出】99.5 98.5 97.5

题目 4

输出杨辉三角的前 N 行(N<10)。

【输入格式】输入只有 1 行，包括一个整数 N 。

【输出格式】输出只有 N 行。

【样例输入】5

【样例输出】
```
1
1  1
```

1 2 1

1 3 3 1

1 4 6 4 1

题目 5

小 T 喜欢和自己同龄的人交朋友。现在他排在了一个 n 行 m 列的队伍中，请问在小 T 所在的行和小 T 所在的列中，他一共能交到几个同龄朋友？比如下面的一个 6 行 6 列的矩阵，该矩阵中每个数字代表了一个同学的年龄。

8	9	7	9	5	3
2	9	15	9	9	12
21	3	4	6	7	9
10	10	8	2	3	6
5	4	2	9	5	10
9	11	2	9	5	7

假设小 T 在第 2 行第 4 列对应的位置，也就是他的年龄是 9 岁，他所在的第 2 行除了小 T 还有 2 个人是 9 岁，他所在的列除了小 T 还有 3 个人是 9 岁，因此他可以交到 5 个朋友。

【输入格式】第 1 行有 2 个整数 n 和 m，分别代表队伍的行和列的值（$2 \leqslant n, m \leqslant 200$）接下来 n 行，每行有 m 个整数，代表每个同学的年龄（每个同学的年龄值在 1～100 之间），接下来最后一行有 2 个整数，代表小 T 在第几行第几列。

【输出格式】输出一个整数，代表小 T 可以交到的朋友的数量。

【样例输入】
```
6  6
8  9  7  9  5  3
2  9  15 9  9  12
21 3  4  6  7  9
10 10 8  2  3  6
5  4  2  9  5  10
9  11 2  9  5  7
2  4
```

【样例输出】5

延伸阅读

图　灵　奖

图灵奖是计算机科学领域的最高荣誉，也被称为“计算机科学界的诺贝尔奖”。它每年由国际计算机协会(association for computing machinery，ACM)颁发，以纪念计算机科学创始人之一、密码学和过程式计算理论奠基人艾伦·图灵。图灵奖始于1966年，每年评选出“计算机科学的最高荣誉”获得者，在颁奖典礼上颁发奖金和奖章。图灵奖不仅是计算机科学领域的最高荣誉，还是世界上著名的奖项之一。图灵奖的获得者都是计算机科学领域最杰出的人物，他们的研究成果在计算机科学领域产生了广泛的影响，推动了计算机科学的发展和进步。这些成果包括发明新的计算机硬件和软件、提出新的计算机科学理论、改进计算机和网络的性能等。

第19课　数组的综合运用

通过前两节课的学习，小创已经掌握了数组的相关概念，但是对于做题还不熟练，这一节课我们和小创一起对数组进行练习吧！

一维数组部分

例题

班里有 n 人，每人的身高都量出来了，你能帮他找出身高超出全班平均身高的成员编号和他的高度吗？

【输入格式】第 1 行：输入 n(0<n≤100，全班的人数)。

第 2 行：分别输入每个成员的身高，以空格隔开。

【输出格式】平均身高

编号：身高

【样例输入】7

175　160　172　158　178　162　142

【样例输出】163.9

1:175　3:172　5:178

分析：由于全班的人数 n 的范围是 0～100，所以我们可以按照最大的标准来申请一个数组用于存放每个人的身高，由于数组的下标是从 0 开始，既然用到 100，那就得申请 101 个数组空间：int a[101]；从输入的第一行我们知道，会告诉我们具体的人数，那么还需要一个整型变量用于存放具体的人数：int n；既然要算平均分（小数的形式），必然要先算总分，所以还需要两个变量：double sum，avg。注意：sum 存总分，avg 存平均分。程序的准备阶段做完之后，下面再讨论具体的解题步骤，由于变量 n 是存放具体的人数，所以输入 n 之后用它来确定具体的循环次数，由于每次循环 i 的值不断增大，因此可借助 i 来使下标不断变化，从而将每个人的身高存入数组之中，还有每次的存入之后要不断地累加到 sum 之中，这样输入完了，总身高也加完了。得到了总身高，便可利用 sum/n = avg 求出平均身高，最后利用 for 循环，依次遍历数组，把每个高出平均身高的人输出来。

参考代码如下：

```
#include<iostream>
using namespace std;
int main(){
    int n,a[101];
    double sum=0,avg;
    cin>>n;
    for(int i=1;i<=n;i++){
        cin>>a[i];
        sum=sum+a[i];
    }
    avg=sum/n;
    printf("%.1lf\n",avg);//%.1lf 输出精度控制:.1 表示保留 1 位小数,\n 表示换行
    for(int i=1;i<=n;i++){
        if(a[i]>=avg){
            cout<<i<<":"<<a[i]<<" ";
        }
    }
    return 0;
}
```

作业

题目 1

学校买来一大箱橘子,有 m(100≤m≤1000)个,橘子大小比较均匀,学校想称一下总共有多重,发现大秤坏掉了还没有修好,只有一个小的弹簧秤。学校又不想分开称,那样太慢了。小明想了一个办法,由于橘子大小比较均匀,可以从中拿 n(5≤n≤20)个出来,这 n 个橘子的重量弹簧秤是可以称出来的,有了这 n 个橘子的重量,就可以计算出平均一个橘子有多重,这样就能知道整箱大约有多重了。请编写程序,从键盘输入橘子总数 m、小明称的橘子的个数 n 以及这 n 个橘子的重量,计算出这箱橘子总共约有多重(结果保留 1 位小数)。

【输入格式】第 1 行 2 个整数 m 和 n，分别代表一箱橘子的总个数以及小明称的橘子的个数；第 2 行为 n 个橘子的重量（整数）。

【输出格式】一箱橘子的重量（保留 1 位小数）。

【样例输入】100 7

84 83 82 81 80 79 79

【样例输出】8114.3

题目 2

四年级 2 班第一小组在体育课上测试了立定跳远成绩，男生和女生分别测试，请根据记录的立定跳远成绩计算出男生和女生的平均成绩分别是多少？（结果保留 1 位小数）

【输入格式】输入 2 行：第 1 行为若干男生的跳远成绩（人数≤100），以 0 表示结束；第 2 行为若干女生的跳远成绩（人数≤100），以 0 表示结束。

【输出格式】1 行，2 个数，以空格隔开，分别代表男生和女生的立定跳远的平均分（结果保留 1 位小数）。

【样例输入】157 154 159 160 0

142 147 144 0

【样例输出】157.5 144.3

题目 3

有一个班的同学在操场上排好了队，老师想知道这些同学中学号最大的同学和学号最小的同学所在的位置。请你编程帮老师找出来。

【输入格式】第 1 行是一个整数 n（n≤100），代表排队的同学的数量。第 2 行是 n 个整数，代表 n 个同学的学号（不存在重复的学号）。

【输出格式】输出 1 行，包含 2 个整数，第一个整数代表学号最大的同学的位置，第二个整数代表学号最小的同学的位置。

【样例输入】6

1 8 9 10 5 3

【样例输出】4 1

题目 4

请问 n 个一位数能够组成的最大的整数是多少。比如，n=3，3 个整数分别为 1、3、9，那么组成的最大整数是 931。比如，n=4，4 个整数分别为 2、8、0、6，那么组成的最大整数是 8620。

【输入格式】第 1 行为一个整数 n(n<10)。第 2 行为 n 个一位数。

【输出格式】1 行,包含一个组成的最大整数。

【样例输入】4

7 3 4 4

【样例输出】7443

二维数组部分

例题

小创同学发现在二维数组中有这样一类数,它们正好比自己上下左右四个方向的数都大(由于需要比四个方向的数都大,因此这种数不可能在第一行、最后一行、第一列、最后一列),小创把它们称为靶心数。请你编程求出一个二维数组的靶心数有哪些,输出它们。

【输入格式】第 1 行是两个整数 n 和 m(n 和 m 都是 4～100 之间的整数),代表接下来的二维数组有 n 行 m 列。接下来 n 行,每行有 m 个整数。

【输出格式】按照输入的顺序输出满足条件的靶心数,并用空格隔开。

【样例输入】4 4

1 2 3 4

5 6 5 8

9 1 11 10

13 4 5 16

【样例输出】6 11

分析:首先需要明确的是,对于二维数组我们需要用双重循环来遍历二维数组元素,即循环嵌套,内层循环决定列数,外层循环决定行数;由于 n、m 的最大范围是 100,所以可以申请一个最大的二维数组:int a[101][101];后面和一维数组的那道例题类似,先存数据,然后找最大的。

参考代码如下:

```
1: #include<iostream>
2: using namespace std;
3: int main(){
```

```
    int a[101][101],n,m;
    cin>>n>>m;
    for(int i=1;i<=n;i++){
        for(int j=1;j<=m;j++){
            cin>>a[i][j];
        }
    }
    for(int i=2;i<n;i++){
        for(int j=2;j<m;j++){
            if(a[i][j]>a[i-1][j]&&a[i][j]>a[i+1][j]&&a[i][j]
            >a[i][j-1]&&a[i][j]>a[i][j+1]){
                cout<<a[i][j]<<endl;
            }
        }
    }
    return 0;
}
```

题目 1

同学们在操场上排成了一个 n 行 m 列的队形，每行的同学属于一个小组，请问每个小组同学的最高年龄是几岁，请输出每个小组的最高年龄。比如：如下是一个 3 行 4 列的队形，这个队形中每个数字代表了每个同学的年龄。

8	10	12	9
15	12	10	6
17	20	18	18

第 1 行的 4 个年龄中最高是 12 岁。第 2 行的 4 个年龄中最高是 15 岁。第 3 行的 4 个年龄中最高是 20 岁。

【输入格式】第 1 行有 2 个整数 n 和 m，分别代表队形的行和列的值（$2 \leqslant n, m \leqslant 100$）接下来 n 行，每行有 m 个整数，代表每个同学的年龄（每个同学的年龄的值在 1～100 之间）。

【输出格式】输出 n 个数,每一个整数代表每个小组年龄的最大值,用空格隔开。

【样例输入】3　4

8　10　12　9

15　12　10　6

17　20　18　18

【样例输出】12　15　20

题目 2

输入一个整数矩阵,计算位于矩阵内部的元素之和。所谓矩阵内部的元素,就是不在第一行和最后一行以及第一列和最后一列的元素。

【输入格式】第 1 行分别为矩阵的行数 m 和列数 n($m<100$,$n<100$),两者之间以一个空格分开。接下来输入的 m 行数据中,每行包含 n 个整数(每个数大于等于 0,小于 1000),整数之间以一个空格分开。

【输出格式】输出对应矩阵的内部元素和。

【样例输入】3　3

3　4　1

3　7　1

2　0　1

【样例输出】7

题目 3

矩阵的转置:输入 $n\times m$ 的矩阵,将其转置后输出,矩阵转置是矩阵的行列交换,如:

A:

1	2	3
4	5	6
7	8	9
10	11	12

转置为

B:

1	4	7	10
2	5	8	11
3	6	9	12

【输入格式】第 1 行两个整数 n、m($n,m\leqslant 100$),表示矩阵的行数和列数;接下来共 n 行,每行 m 个整数。

【输出格式】m 行,每行 n 个数,表示转置后的矩阵(注意测试用例每行末尾没有空格)。

【样例输入】4 3

1 2 3

4 5 6

7 8 9

10 11 12

【样例输出】1 4 7 10

2 5 8 11

3 6 9 12

题目 4

有一个特别的游戏——超级弹珠。

游戏的内容是：在一个 n×n 的矩阵里，有若干个敌人，你的弹珠可以摧毁敌人，但只能攻击你所在的行、列里的所有敌人，然后你就可以获得他们的分数之和，现在请你选择一个你的位置，使得能击杀的敌人最多。注意：你不能和敌人在一个地方。

【输入格式】第 1 行为一个正整数 n，接下来 n 行，每行 n 列，如果有敌人则为一个正整数，否则为 0。

【输出格式】输出 1 行，一个数字，表示最多分数，如果连你的容身之地都没有，请输出“Bad Game!”

【样例输入】4

1 1 1 0

1 1 1 1

1 1 1 1

0 1 1 1

【样例输出】6

第 20 课 不一样的输入输出

——文件操作

小创发现在前面的学习中，接触的输入输出很直观，即从键盘输入，向屏幕输出。但是有的时候，需要跳过键盘和屏幕，直接从文件向程序输入数据，然后再从程序向文件输出数据，这样该怎么办呢？

阅读与思考

在前面第 2 课的“阅读与思考”部分有一张图还记得是什么吗？对，是内存条，那它有什么作用你知道吗？其实内存条是计算机的重要部件之一，在计算机运行期间所有的数据都要经过内存条送给 CPU 去处理，由于 CPU 的特点是处理速度快，为了匹配 CPU 的特点，将 CPU 的性能极大地发挥出来，所以内存条也要有极快的特点。但是内存条也有一个缺点，就是断电后里面的数据不会保存，数据就会丢失了；因此程序运行时产生的数据都属于临时的数据，这些数据在程序运行结束之后，都会被释放。那么如何将需要的数据即时地保存起来呢？这里就需要用到文件操作。

知识讲解

1. 文件是什么？

内存中存放的数据在计算机关机后就会消失。要长久保存数据，就要使用硬盘、光盘、U 盘等设备。为了便于数据的管理和检索，引入了“文件”的概念。一篇文章、一段视频、一个可执行程序，都可以被保存为一个文件，并被赋予一个文件名。操作系统以文件为单位管理磁盘中的数据。

2. 文件操作的实现

在 C++ 中，实现文件操作的方法有很多，本着极简的原则，在这里我们只讨论最简单的一个方法，也就是重定向，具体如下：

头文件的引用：由于重定向必须用到 cstdio 库，所以需要在头文件处加上：#include〈cstdio〉。

再看代码指令：

FILE * freopen(const char * filename, const char * mode, FILE * stream);

是不是对上面的指令感到很困惑？先别着急，其实不难理解，下面我们一一介绍每段的意义。

filename：要打开的文件名。

mode：文件打开的模式（r/w、r 是 read 的意思，代表只读；w 是 write 的意思，代表写入）。

stream：文件指针，通常使用标准流文件（stdin/stdout/stderr）。

完成上面的操作之后，还要用 fclose 将文件关闭，代码如下：

fclose(stdin); fclose(stdout)

如果小朋友对上面的解释依然无法理解，也是没有关系的，下面再给小朋友们一个模板：

```
#include<cstdio>
int main(){
    freopen("文件名.in","r",stdin);
    freopen("文件名.out","w",stdout);
    /* 中间部分按原样代码写，无需修改 */
    fclose(stdin);
    fclose(stdout);
    return 0;
}
```

对于模板中的文件名，可根据具体的题目进行相应的更改，而不是一成不变的。

例题 1

求和：输入两个正整数 a，b（1＜a，b＜10000），求它们的和。

【输入格式】两个正整数 a 和 b。

【输出格式】两个数的和。

【输入文件】a + b. in

【输出文件】a + b. out

参考程序如下：

```
#include〈cstdio〉
using namespace std;
int main(){
    freopen("a+b.in","r",stdin);
    freopen("a+b.out","w",stdout);
    int a,b;
    cin〉〉a〉〉b;
    cout〈〈a+b;
    fclose(stdin);
    fclose(stdout);
    return 0;
}
```

课堂练习

题目 1

输入一个数,判断它是否为质数,如果是输出 yes;如果不是输出 no。

【输入格式】一个数 n(1<n<10000000)。

【输出格式】yes 或者 no。

【输入文件】prim.in

【输出文件】prim.out

题目 2

求矩形的周长 l 和面积 s。

【输入格式】两个整数 a 和 b,分别代表矩形的长和宽。

【输出格式】输出 2 个整数,中间用空格隔开,第一个为矩形的周长,第二个为矩形的面积。

【输入文件】sl.in

【输出文件】sl.out

题目 3

已知一个圆的半径，求解该圆的面积和周长。

【输入格式】输入只有 1 行，只有一个整数。

【输出格式】输出有 2 行，一行是面积，一行是周长。（数据保留两位小数，令 pai = 3.1415926）

【输入文件】Cl.in

【输出文件】Cl.out

题目 4

输入一个三位正整数，然后与它各位数字颠倒过来的数相加，输出和。如输入 167，则和为 167 + 761 = 928。

【输入格式】只有 1 行，一个三位正整数。

【输出格式】一个正整数。

【输入文件】sum.in

【输出文件】sum.out

题目 5

输入 a，b 两个整数，编程求出 a 除以 b 得到的商和余数。

【输入格式】输入 1 行，只有 2 个整数（中间有空格）。说明：两个整数数据的范围在 1～1000 内。

【输出格式】输出只有 1 行，2 个整数（中间有空格）。

【输入文件】s.in

【输出文件】s.out

作业

题目 1

有一个 3×4 的矩阵（二维数组），要求输出该矩阵中的最大元素及其所在的行号（第几行）和列号（第几列）。矩阵中的元素均为整数。

【输入格式】3 行数据，每行 4 个整数，以空格分隔。

【输出格式】1 行,3 个整数。其中第 1 个数为矩阵中的最大值。第 2 个数为最大值所在的行号(行值)。第 3 个数为最大值所在的列号(列值)。

【样例输入】
```
1    2    3   4
9    8    7   6
-10  10  -5   2
```

【样例输出】10 3 2

【输入文件】max.in

【输出文件】max.out

题目 2

输入整数 N,输出相应方阵。

【输入格式】一个整数 N(0<N≤10)。

【输出格式】一个方阵,每个数字的场宽为 3。

【样例输入】5

【样例输出】
```
0  0  0  0  1
0  0  0  1  0
0  0  1  0  0
0  1  0  0  0
1  0  0  0  0
```

【输入文件】matrix.in

【输出文件】matrix.out

题目 3

输入一个整数 n(n≤100),代表一个班级同学的总人数,然后输入 n 个人的语文、数学、英语成绩。请求出这 n 个人的语文、数学、英语三科成绩的平均分分别是多少,结果保留 1 位小数。

【输入格式】第 1 行:一个整数 n,代表班级的总人数。第 2 行~第 n+1 行,输入 n 个同学的语文、数学、英语成绩,每行输入一个同学的成绩,成绩用空格隔开!

【输出格式】输出语文、数学、英语三科的平均成绩,分别用空格隔开,平均成绩保留 1 位小数!

【样例输入】2

100　99　98

99　98　97

【样例输出】99.5　98.5　97.5

【输入文件】matrix.in

【输出文件】matrix.out

题目 4

编程求 1 的平方 + 2 的平方 + … + n 的平方。

【输入格式】输入 1 行，只有一个整数 n（1⩽n⩽200）。

【输出格式】输出只有 1 行，包括一个整数。

【样例输入】3

【样例输出】14

【输入文件】square.in

【输出文件】square.out

题目 5

小丽所在的小区水果店搞店庆活动，小丽去看了一下，她最喜欢的三种水果的价格分别为：苹果 8.5/千克，鸭梨 5.6 元/千克，橙子 6.2 元/千克，三种水果小丽各买了若干千克。请编程帮助小丽计算一下，她应该付多少钱？

【输入格式】读入三个小数 x、y、z，分别代表小丽购买的苹果、鸭梨和橙子的千克数。

【输出格式】输出小丽应付的金额，结果保留 1 位小数。

【样例输入】1.2　5.5　3.9

【样例输出】65.2

【输入文件】purchase.in

【输出文件】purchase.out

延伸阅读

第一台存储程序计算机

第一台以电子方式存储和执行程序的计算机是 1948 年的 SSEM（小型实验机），也被称为“婴儿”或“曼彻斯特婴儿”。它由 Frederic Williams 设计，由他的门徒 Tom

Kilburn 在英国曼彻斯特大学的 Geoff Tootill 的协助下建造。Kilburn 编写了第一个电子存储程序，该程序使用重复减法而不是除法来找到整数的最高真因数。第二台存储程序计算机也来自英国——电子延迟存储自动计算器(EDSAC)，由英国剑桥大学数学实验室的莫里斯·威尔克斯(Maurice Wilkes)制造和设计。EDSAC 在 1949 年 5 月 6 日进行了第一次计算。它也是第一台运行图形电脑游戏“OXO”的电脑，这是一种在 6 英寸的阴极射线管上显示的井字游戏。

大约在同一时间，曼彻斯特马克 1 号是另一台可以运行存储程序的计算机。第一台马克 1 号计算机在曼彻斯特维多利亚大学制造，1949 年 4 月投入使用。马克 1 号在同年 6 月 16 日和 17 日运行了一个搜索梅森素数的程序，连续 9 个小时没有出错。

第21课　数据加工厂

——函数

小创发现在生活中有很多东西都是成品，拿来就可以使用，不用去考虑东西是怎么生产的，以及内部的工作原理，那么 C++ 有没有类似的东西呢？

阅读与思考

函数的概念大家都不陌生，在刚刚开始学习 C++ 的时候，老师说过 C++ 有一个固定的基本格式，如下图所示。可以看到这是 C++ 的主函数，而且标注了每个部位的名称，那么函数结构中的各个部位的作用是什么？同学们有没有思考过呢？

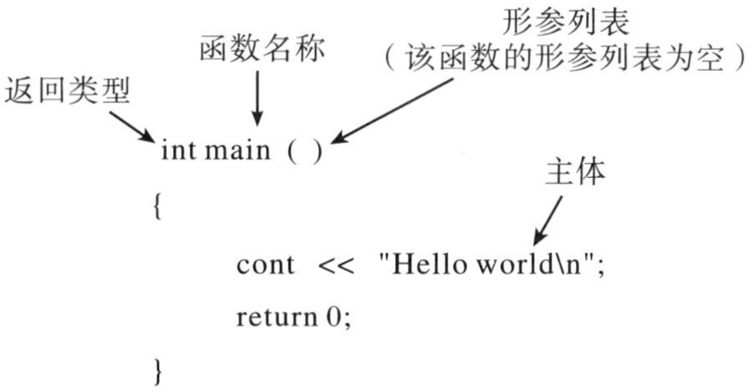

知识讲解

1．函数的定义

一般格式如下：

数据类型　函数名(参数列表)　{

　　函数体

}

2. 函数的数据类型

函数的数据类型就是函数的返回值类型。类似于工厂生成的产品的属性，一看到函数的数据类型，我们就知道这个函数最终会产生一个什么类型的数据。如果没有返回值，那么它的数据类型就是 void。

3. 函数名

函数名的命名规则和变量名的命名规则一样。需要注意的是一个好的函数名应当尽量做到“见名知义”。

4. 参数列表

参数相当于工厂需要的原材料，不同的工厂可能需要不同的原材料，所以对于不同的函数，所需要的参数也是不一样的。因此参数列表中的参数可以是 0 个，也可以是多个。如果是多个参数，参数之间用逗号隔开。

5. 函数体

函数体是处理函数正在执行的任务的一组语句。这些语句包含在一组大括号中。可以理解为工厂具体的加工步骤。

6. 函数的返回值

函数的返回值相当于工厂加工后的产品，它由 return 语句返回。如果函数没有返回值，那么定义函数时可以将返回值类型写为 void 。

例题 1

求和：输入两个正整数 a，b（$1<a, b<10000$），求它们的和（用函数完成）。

【输入格式】两个正整数 a 和 b。

【输出格式】两个数的和。

参考程序如下：

```
#include<iostream>
using namespace std;
int sum(int a,int b){
    int c;
```

```
        c = a + b;
        return c;
    }
int main(){
        int a1,a2,a3;
        cin>>a1>>a2;
        a3 = sum(a1,a2);
        cout<<a3;
        return 0;
    }
```

注释：首先定义了一个叫 sum（函数名）的工厂，它的产品是 int（数据类型）型的整数，它需要 2 个整数作为原材料（参数列表：int a，int b），在函数内部（函数体）进行加工：申请一个整型变量 c 用于把原材料 a 和 b 相加的结果存储起来，然后用 return 将 c 里的结果送给工厂的客户（函数调用者）；然后在主函数中可以看到，本来 a3 后面应该是 a1 + a2 的步骤，交给了 sum 去做，sum 接到任务进行运算，最后将结果反馈给了 a3。

课堂练习

题目 1

用函数的方法判断一个数是否为质数，如果是输出 yes；如果不是输出 no。

【输入格式】一个数 n（$1 < n < 10000000$）。

【输出格式】yes 或者 no。

题目 2

编一个函数，将摄氏温度转换为华氏温度。公式为：$f = 9/5 \times c + 32$ 。其中 f 为华氏温度，c 是摄氏温度。

【输入格式】输入 1 行，只有一个整数 c。

【输出格式】输出只有 1 行，包括一个实数。（保留两位小数）

【样例输入】50

【样例输出】122.00

题目 3

编一个函数，输入一个三位正整数，然后与它倒过来的数相加，输出和。如输入167，则和为 167 + 761 = 928。

【输入格式】只有 1 行，一个三位正整数。

【输出格式】一个正整数。

【样例输入】167

【样例输出】928

题目 4

编一个函数，输入一个三位正整数，然后与它倒过来的数相加，输出和。如：输入167，则和为 167 + 761 = 928。

【输入格式】只有 1 行，一个三位正整数。

【输出格式】一个正整数。

【输入文件】sum.in

【输出文件】sum.out

作业

题目 1

编一个函数，任意读入一个四位整数，颠倒后输出。

【输入格式】输入 1 行，只有一个整数 x（$1000 \leqslant x \leqslant 9999$）。

【输出格式】输出只有 1 行，包括一个整数。

【样例输入】1600

【样例输出】61

题目 2

编一个函数，输入整数 N，输出相应方阵。

【输入格式】一个整数 N（$0 < N \leqslant 10$）。

【输出格式】一个方阵，每个数字的场宽为 3。

【样例输入】5

【样例输出】0 0 0 0 1

0 0 0 1 0

0 0 1 0 0

0 1 0 0 0

1 0 0 0 0

题目3

编一个函数,求1的平方+2的平方+…+n的平方。

【输入格式】输入1行,只有一个整数n(1≤n≤200)。

【输出格式】输出只有1行,包括一个整数。

【样例输入】3

【样例输出】14

题目4

从键盘输入一个5位的正整数,请求出这个5位数的各个位数之和。

【输入格式】一个5位的正整数n(用函数方法解决)。

【输出格式】这个5位数的各个位数之和。

【样例输入】12345

【样例输出】15

延伸阅读

操作系统

操作系统(operating system,OS)是一组主管并控制计算机操作、运用和运行硬件、软件资源和提供公共服务来组织用户交互的相互关联的系统软件程序。

计算机中,操作系统是其最基本也是最为重要的基础性系统软件。从计算机用户的角度来说,计算机操作系统体现为其提供的各项服务;从程序员的角度来说,其主要是指用户登录的界面或者接口;如果从设计人员的角度来说,就是指各式各样模块和单元之间的联系。事实上,全新操作系统的设计和改良的关键工作就是对体系结构的设计,经过几十年以来的发展,计算机操作系统已经由一开始的简单控制循环体发展成为较为复杂的分布式操作系统,再加上计算机用户需求的愈发多样化,计算机操作系统已经成为既复杂而又庞大的计算机软件系统之一。

第22课 数据加工厂里的工厂

——递归函数

小创在C++编程王国里，遇到了新的问题，这些问题都有一定的规律，就是计算过程，其中每一步都要用到前一步或前几步的结果，那么有没有方法可以简化它们，使它们变得简洁呢？

阅读与思考

在讲解“递归”这个抽象概念之前，让我们来重温一下昔日往事。

从前有座山，山里有座庙，庙里有个老和尚，正在给小和尚讲故事！故事是什么呢？从前有座山，山里有座庙，庙里有个老和尚正在给小和尚讲故事！故事是什么呢？……

除非讲故事的人自己停下来不讲了，不然这个故事可以“无限”地讲下去，原因就是“故事”嵌套的“故事”就是“故事”本身，这就是语言上“递归”的例子。

但是，由于这个故事并没有一个终止的条件，因此，它实际上是陷入了一种有头无尾的死循环，因此并不符合程序设计领域中定义的“递归”，那么什么才是递归呢？下面我们一起探讨一下。

知识讲解

1. 什么是递归？

程序调用自身的编程技巧称为递归(recursion)。递归作为一种算法在程序设计语言中被广泛应用。递归策略只需少量的程序就可描述出解题过程所需要的多次重复计算，大大地减少了程序的代码量。递归的主要思考方式在于：把大事化小。（这个想法很重要）

2. 函数递归的两个限制条件

(1) 存在限制条件，当满足这个限制条件的时候，递归便不再继续。

（2）每次递归调用之后越来越接近这个限制条件。

3. 递归调用

你可能会问，计算机为何要这么算？这么算有何优势？

答案并不复杂，利用递归可以使算法的逻辑变得非常简单。因为递归过程的每一步用的都是同一个算法，计算机只需要自顶向下不断重复即可。因此，递归的法则就两条：一是自顶而下（从目标直接出发），二是不断重复。

递归的另一个特点在于，它只关心自己下一层的细节，而并不关心更下层的细节。你可以理解为，递归的简单源自它只关注“当下”，把握“小趋势”，虽然每一步都简单，但一直追寻下去，也能获得自己独特的精彩。

下面我们就以计算阶乘为例，使用递归方式实现：

```
#include<iostream>
using namespace std;
int funtion(int n){
    if(n>1) return n*funtion(n-1);
    else return 1;
}
int main(){
    int a;
    cin>>a;
    cout<<funtion(a);
    return 0;
}
```

课堂练习

题目 1

斐波那契数列指的是这样一个数列：1，1，2，3，5，8，13，21，34，…在数学上，斐波那契数列被以如下递推的方法定义：F(0) = 0，F(1) = 1，…，F(n) = F(n − 1) + F(n − 2)，求第 n 项。

【输入格式】一个正整数。

【输出格式】一个正整数。

【样例输入】4

【样例输出】3

题目 2

接受一个整型值(无符号),按照逆序打印它的每一位,例如输入 1234 ,打印 4321。

【输入格式】一个正整数。

【输出格式】这个数的逆序数。

【样例输入】12345

【样例输出】54321

题目 3

一个猴子吃一堆桃子,吃了一半还不够,又多吃了 2 个!每天按这样的规律一直吃着,到了第 7 天一看,只有 N 个了(还没有开始吃)!问这些桃子原来有多少个?

【输入格式】输入一个整数 N。

【输出格式】原有的桃子个数。

【样例输入】2

【样例输出】380

作业

题目 1

某人写了 N 封信,用去 N 个信封,结果所有的信都装错了信封。求所有的信都装错信封共有多少种不同情况。可用下面的公式(错位排列的递推公式):

基本形式:$D(1)=0$;$D(2)=1$;

递归形式:$D(n)=(n-1)\cdot(D(n-1)+D(n-2))$。

【输入格式】一个正整数 N(N<13)。

【输出格式】所有的信都装错信封的不同情况数。

【样例输入】1

【样例输出】0

题目 2

输入整数 N,求 1+2+3+…+N 的和。

【输入格式】一个整数 N。

【输出格式】一个整数。

【样例输入】100

【样例输出】5050

题目 3

编程求 1+1/2+1/3+…+1/n 。

【输入格式】输入 1 行,只有一个整数 n(1⩽n⩽200) 。

【输出格式】输出只有 1 行(这意味着末尾有一个回车符号),包括 1 个实数。(保留 3 位小数)

【样例输入】5

【样例输出】2.283

延伸阅读

计算机领域的主频

中央处理器(CPU)是计算机系统运算和控制的核心,也是信息处理、程序运行的最终执行单元。

在计算机领域,主频是指 CPU 内核工作时的时钟频率(有点像“额定频率”的意思)。CPU 内核是 CPU 中间的核心芯片,由单晶硅制成,用来完成所有的计算、接受/存储命令、处理数据等,是数字信号处理的核心。

主频和实际的运算速度存在一定的关系,但并不是一个简单的线性关系。主频表示在 CPU 内产生数字脉冲信号的速度,单位是赫兹(Hz)。CPU 的运算速度还得看 CPU 的流水线、总线等各方面的性能指标。也就是说,主频仅仅是 CPU 性能表现的一个方面,而不代表 CPU 的整体性能。随着计算机的发展,主频由过去的 MHz 发展到了现在的 GHz(1 G = 1024 M)。

第23课 工厂里的规矩

——形参、实参、作用域

小创发现通过运用函数，代码编程简洁了很多，但是他对工厂的使用规则不太明白，今天我们就一起来探究工厂的相关规则吧！

阅读与思考

在欧洲，工业革命时期，机械设备的发展使得产品越来越复杂，需要详细的说明来指导使用。1791年，法国发明家约瑟夫·伊尼亚斯·蒙特吉尔提出了“自我生成说明书”的概念，并制作了早期的说明书，旨在提供给机器使用者使用和维护所需的具体指导。

随着时间的推移，说明书不仅是对产品的简单介绍，还涵盖了更多的信息，如产品的安全注意事项、维修指导以及相关法律法规等。

因此函数的相关概念就是函数的使用说明书，熟悉这些相应的概念，用起函数来才能得心应手，不容易出错。

知识讲解

1. 定义

形参：形参是在函数定义时声明的变量，用于接收传递给函数的数据。形参在函数定义时被声明，但在函数被调用之前并没有具体的值。形参的作用域仅限于函数内部，函数外部无法访问。

实参：实参是在函数调用时提供的具体值或变量，被传递给函数以供函数内部使用。实参可以是常量、变量、表达式或其他函数的返回值。实参在函数调用时被传递给形参，形参根据实参的值进行初始化或赋值。

2. 作用域

形参的作用域：形参的作用域仅限于函数内部。在函数外部，形参是不可访问的。

形参可以看作是函数内部的局部变量，它们在函数调用时被初始化。

实参的作用域：实参的作用域在函数调用时确定，但在函数调用结束后，实参的值和状态不会受到影响。改变形参的值不会影响实参的值，除非形参是通过引用或指针传递的。

2. 传递方式

值传递：在值传递过程中，实参和形参位于内存中两个不同的地址中。实参先进行一次拷贝，然后将拷贝传递给形参。因此，形参的变化不会影响实参。

地址传递(引用传递)：当形参是引用类型时，实参通过引用传递。此时，实参和形参指向同一片内存地址，形参的改变会影响实参的值。

const 引用传递：如果形参是 const 引用类型，实参的值不会被修改，但可以通过引用传递来避免不必要的拷贝。

课堂练习

题目 1：更多闰年数

输入两个正整数 a 和 b，表示开始的年份和结束的年份，问从 a 年到 b 年有多少闰年？闰年只需要满足如下两个条件之一：① 能整除 400。② 能整除 4，但不能整除 100。

【输入格式】1 行 2 个整数 a 和 b，范围在[1，1000000000]。

【输出格式】一个整数。

【输入样例】1　10000

【输出样例】2425

题目 2：判断质数

给你一些整数，请你判断它们是否是质数。如果不是，输出 1，如果是，输出 0。

【输入格式】输入 2 行，第 1 行一个整数 g，表示有 g 组测试数据。第 2 行有 g 个数 a。$1\leqslant g\leqslant 10$，$1\leqslant a\leqslant 2147483647$。

【输出格式】g 行，每行 0 或 1。

【样例输入】3

9　7　6

【样例输出】1
0
1

题目 3

已知一个圆的半径,求解该圆的面积和周长。(保留 2 位小数;令 pai = 3.1415926)

【输入格式】输入只有 1 行,只有 1 个整数。

【输出格式】输出只有 2 行,一行面积,一行周长。

题目 4

输入一个三位正整数,然后与它各位数字颠倒过来的数相加,输出和。如:输入 167,则和为 167 + 761 = 928。

【输入格式】只有 1 行,一个三位正整数。

【输出格式】一个正整数。

题目 5

输入 a,b 两个整数,编程求出 a 除以 b 得到的商和余数。

【输入格式】1 行,只有 2 个整数(中间有空格),且两个整数数据的范围在 1~1000 内。

【输出格式】输出只有 1 行,2 个整数(中间有空格)。

作业

题目 1:数学问题

在一个渺无人烟的荒岛上待了多年之后,小 z 基本上啥都不会了。所以,当小 y 告诉他任何一个大于等于 4 的数都能表示成两个质数的和这个事实的时候,小 z 根本不相信! 小 z 现在想找出一些反例,你能帮助他吗?

【输入格式】输入文件第 1 行为一个整数 n($1 \leqslant n \leqslant 50$)。接下来有 n 行,每行包含一个整数 m($3 \leqslant m \leqslant 1000000$)。

【输出格式】输出文件共 n 行,每行对应于每一个 m,如果 m 不能表示成两个质数的和,则输出“NO WAY!”;否则输出一种方案。如果有多种可行方案,输出两个质数的差最大的那一种。

【样例输入】2

10

11

【样例输出】10 = 3 + 7

NO WAY!

题目 2:素数求和问题

现在给你 N 个数(0<N<1000),现在要求你写出一个程序,找出这 N 个数中的所有素数,并求和。

【输入格式】第 1 行给出整数 M(0<M<10)代表多少组测试数据。每组测试数据第 1 行为 N,代表该组测试数据的数量。接下来的 N 个数为要测试的数据,每个数都小于 1000000。

【输出格式】每组测试数据结果占一行,输出给出的测试数据的所有素数和。

【输入样例】3

5

1 2 3 4 5

8

11 12 13 14 15 16 17 18

10

21 22 23 24 25 26 27 28 29 30

【样例输出】10

41

52

题目 3:统计闰年

输入两个年份 x 和 y,统计并输出公元 x 年到公元 y 年之间的所有闰年数(包括 x 年和 y 年),1≤x≤y≤3000。(要求:写一个判断 i 是不是闰年的子函数)

【输入格式】1 行,两个正整数表示 x 和 y,之间用一个空格隔开。

【输出格式】1 行,一个数字,表示闰年数量。

【样例输入】2000 2004

【样例输出】2

延伸阅读

智慧城市

智慧城市是一种新兴的城市发展理念，它通过整合信息与通信技术(ICT)，实现城市基础设施和服务的数字化、网络化、智能化。智慧城市的关键技术包括大数据分析、物联网(IoT)、人工智能(AI)和5G技术。大数据分析帮助决策者从海量城市数据中获取关键信息，科学制定城市规划和资源配置。物联网技术连接城市中的各类设备和传感器，实现实时通信，提高城市各部分的协同工作效率。人工智能作为智慧城市的“智慧大脑”，通过机器学习和深度学习技术，使城市系统能够自主学习和适应，优化决策过程。5G技术提供高带宽和低时延的通信基础，支持大规模设备的互联互通和实时数据传输。

智慧城市带来的影响包括提高城市运行效率、改善环境质量、提升居民生活质量以及促进城市的可持续发展。通过智慧城市的建设，可以实现更科学的发展、更高效的管理、更和谐的社会以及更高质量的生活。

第24课 函数综合运用

小创在学习了函数的相关知识后，被一些函数的相关术语搞得有些困惑，这一节课我们一起通过实际应用，帮助他熟悉函数吧。

阅读与思考

如果把函数比喻成一台机器，那么参数就是原材料，返回值就是最终产品。从一定程度上讲，函数的作用就是根据不同的参数产生不同的返回值。

在 C++ 中，函数的参数会出现在三个地方，分别是函数声明处、函数定义处和函数调用处。

函数声明和定义时出现的参数，可以看作一个占位符，它们没有数据，只能等到函数被调用时接收传递进来的数据，所以称为形式参数，简称形参。

函数调用处传入的参数，包含了实实在在的数据，会被函数内部的代码使用，所以称为实际参数，简称实参。

课堂练习

题目 1

求 $S=1+2+4+7+11+16+\cdots$ 的值刚好大于等于 5000 时 S 的值。

【输入格式】无。

【输出格式】1 行，一个整数。

题目 2

桐桐很喜欢研究数字，特别喜欢研究质数。一天，桐桐发现有一些数字可以表示成两个质数相乘的形式，比如，$10=2\times5$，2、5 都是质数，就将 10 这样的数称为“桐桐数”。所以桐桐决定考考你，她告诉你一个数 n，请你判断 n 是不是“桐桐数”。

【输入格式】一个数 n（$1\leqslant n\leqslant 2^{31}-1$）。

【输出格式】输出一行，如果 n 是一个“桐桐数”，则输出“It’s a Tongtong number.”，否则输出“It’s not a Tongtong number.”。

【样例输入】10

【样例输出】It’s a Tongtong number.

题目 3

有一数列如下:1　2　4　7　11　16　22　…。试求该数列前 N 项之和。

【输入格式】一个整数 N(0<N<1000)。

【输出格式】一个整数。

【样例输入】6

【样例输出】41

题目 4:纯粹素数

纯粹素数是这样定义的:一个素数,去掉最高位,剩下的数仍为素数,再去掉剩下的数的最高位,余下的数还是素数。这样下去一直到最后剩下的个位数也还是素数。

请求出 N 以内的所有纯粹素数。

【输入格式】仅一行,只有一个数 N(N<10000)。

【输出格式】输出 N 以内的纯粹素数。

【样例输入】23

【样例输出】2　3　5　7　17　23

作业

题目 1

一个自然数转换成二进制数后,如果 1 的个数比 0 的个数多,则称为 A 类数,否则称为 B 类数。输入 n(n≤10000),输出 1 到 n 之间 A 类数、B 类数各多少个。

【输入格式】输入一个整数 n(n≤10000)。

【输出格式】两个整数,为 A 类数和 B 类数的个数(用空格隔开)。

【样例输入】11

【样例输出】6　5

题目 2

给出一个正整数 n(2≤n≤1000000),例如 n=30,在 1,2,3,…,30 中,连续的非素数

有：

4 长度为 1

6 长度为 1

8　9　10 长度为 3

12 长度为 1

14　15　16 长度为 3

18 长度为 1

20　21　22 长度为 3

24　25　26　27　28 长度为 5

30 长度为 1

其中，最大长度为 5，即有连续的 5 个非素数。

【输入格式】一个整数 n 。

【输出格式】一个整数，即连续非素数最大长度。

【样例输入】12

【样例输出】3

题目 3

我们定义，如果 a 和 a+2 都是素数(如 5 和 7)，那么我们就称 a 和 a+2 是一对孪生素数。请写一个程序找出 2～N 之间的所有孪生素数。

【输入格式】一个整数 N(2＜N＜1000)。

【输出格式】若干行，每行 2 个整数，即一对孪生素数。

【样例输入】10

【样例输出】3　5
　　　　　　5　7

题目 4：更多闰年数

输入两个正整数 a 和 b，表示开始的年份和结束的年份，问从 a 年到 b 年有多少闰年？闰年只需要满足如下两个条件之一：① 能整除 400；② 能整除 4，但不能整除 100。

【输入格式】1 行 2 个整数 a 和 b，范围在[1,1000000000]。

【输出格式】一个整数。

【样例输入】1　10000

【样例输出】2425

第 25 课 将不同变量打包在一起

——结构体

对于一些事物的问题，很难用单一变量去解决，有的时候需要记录某个事物的多个属性，那么怎么办呢？这一课我们一起来学习一个新的概念，它叫结构体。

阅读与思考

我们首先来了解一下什么是结构体。我们为什么要引用结构体这个概念呢？拿一个学生来说，一个学生的身上有很多的属性，例如年龄、姓名、身高、性别、分数等，而学生又不止一个，有很多的学生，这时候我们想要记录每个学生的数据，首先我们想到的是我们可以定义多个变量来表示不同的学生，但是这样的话我们不仅要定义学生变量，还要定义多个学生的属性，这样如果有 1000 个学生，仅是定义变量就会消耗不少时间。

这时我们可以定义一个学生的模板，然后把学生的各个属性全部放在这个模板中，这样每定义一个学生只需要引用一下这个模板就行了，大大减少了我们的工作量。结构是一些值的集合，这些值称为成员变量。结构的每个成员可以是不同类型的变量。

知识讲解

1. 什么是结构体

结构体是 C 语言中一种重要的数据类型，该数据类型由一组称为成员的数据所组成，其中每个成员可以是不同类型的。结构体通常用来表示类型不同但是又相关的若干数据。

2. 结构体的声明、定义、初始化

首先，要使用结构体就必须声明（创建）一个结构体类型，就要用到结构体关键字：struct。如何声明一个结构体类型，如下所示。

struct 结构体名{
成员列表;
}变量列表;

结构体名:为结构体标签,用来区分不同的结构体类型。struct 结构体名表示结构体类型,声明完结构体后就可以用该类型来创建变量了。

成员列表:是结构体所包含的基本的结构类型。

变量列表:这个列表可写可不写,写了就代表你用上面所创建的结构体类型定义了一个该类型的变量,没写则表示你仅仅只创建了一个结构体类型。

3. 结构体变量的定义和初始化

前面我们已经分析好了结构体里面的成员变量了,下面就是学习该怎么定义结构体变量和如何初始化结构体了。

与变量定义类似,结构体变量的定义方式为:

结构体名　结构体变量名;

运行下面的程序:

```
#include<iostream>
using namespace std;
struct xueshengxinxi{
    int xuehao,fenshu;
    char xingbie;
};
int main(){
    xueshengxinxi a;
    a.fenshu=96;
    a.xingbie='M';
    a.xuehao=26;
    cout<<"学号:"<<a.xuehao<<endl;
    cout<<"性别:"<<a.xingbie<<endl;
    cout<<"分数:"<<a.fenshu<<endl;
    return 0;
    }
```

4. 结构体数组

结构体数组每个数组元素都是一个结构体类型，它们都分别包括各个成员项。定义结构体数组的一般形式有如下两种：

(1) 声明结构体类型的同时定义结构体数组

```
struct 结构体名称{
    成员表列
}数组名[数组长度];
```

(2) 先声明结构体类型，然后定义结构体数组

```
struct 结构体名称{
    成员表列
};
结构体名称 数组名[数组长度];
```

课堂练习

题目 1

在一次考试中，每个学生的成绩都不相同，现知道了每个学生的学号和成绩，求考第 k 名学生的学号和成绩。

【输入格式】第 1 行有两个整数，分别是学生的人数 n(1≤n≤100)，和求第 k 名学生的 k(1≤k≤n)。其后有 n 行数据，每行包括一个学号(整数)和一个成绩(浮点数)，中间用一个空格分隔。

【输出格式】输出第 k 名学生的学号和成绩，中间用空格分隔。

【样例输入】5 3

90788001 67.8

90788002 90.3

90788003 61

90788004 68.4

90788005 73.9

【样例输出】90788004 68.4

题目 2

从键盘读入 n(3≤n≤100)个梯形的上底、下底和高，请问这 n 个梯形中，最大面积的梯形的面积是多少？（梯形面积的求解公式为 $S=(a+b)\times h/2$ ，也就是(上底 + 下底)×高/2 ）

【输入格式】第 1 行为 1 个整数 n ，接下来 n 行每行 3 个整数分别代表梯形的上底、下底和高。

【输出格式】最大面积梯形的面积(结果保留 1 位小数)。

【样例输入】3

1 2 3

3 4 5

2 3 4

【样例输出】17.5

作业

题目 1

期末考试结束了，数学成绩已经出来。数学老师请你帮忙编写一个程序，可以帮助老师将班级所有同学的考试分数按照由高到低进行排序，并输出按照成绩高低排序后的每个同学的学号、姓名、数学成绩。

【输入格式】第 1 行是一个整数 n(n≤100)，代表班级的总人数；接下来 n 行，每行有 3 个数据，第一个数据是某个同学的学号，第二个数据是该同学的姓名的拼音(拼音不含空格)，第三个数据是该同学的数学成绩(成绩是整数)。

【输出格式】按照数学成绩由高到低输出每个同学的学号、姓名、数学成绩，每行包含 1 个同学的 3 个数据，3 个数据用空格隔开。

【样例输入】3

1 zhangfang 98

2 liming 100

3 sunhua 99

【样例输出】2 liming 100

3 sunhua 99

1 zhangfang 98

题目 2

班级有 n 个同学，请从键盘输入 n 个同学的学号、姓名。将 n 个同学按照姓名长度降序排序；姓名长度相同，按姓名字典码降序排序；姓名长度和字典码都相同，按学号降序排序，不存在任何两个同学学号相同，这样就能保证排序结果的唯一性。

【输入格式】第 1 行输入一个整数 n(n≤100)。接下来 n 行，每行先输入一个整数代表同学的学号(学号≤1000)，再输入一个不带空格的字符串代表同学的姓名。

【输出格式】输出 n 行，为按题意排序的结果，每行输出 1 个同学的学号和姓名，用空格隔开。

【样例输入】
```
5
1 zhangsan
2 lisi
4 wanger
5 wanger
3 zhaowu
```

【样例输出】
```
1 zhangsan
3 zhaowu
5 wanger
4 wanger
2 lisi
```

延伸阅读

像　素　点

像素点是数字图像、视频、计算机图形等领域的基本概念之一。它是构成影像的最小单元，通常用于描述数字影像的分辨率。像素点通常被定义为数字影像中的最小单位，代表着一个具有固定位置和特定色彩或亮度值的图像单元。在显示器、数码相机、摄像机等设备中，像素点数量越多，能够表示的细节就越精细。像素点与分辨率是密切相关的概念。像素(pixel)是屏幕上最小的可控制光点，是画面的基本单位，分辨率(resolution)则表示屏幕上能够显示的像素数量。

第 26 课 结构体的应用

——结构体

上一课学习了结构体，小创对结构体掌握得还不是很熟练，有些概念还不明白，这一课我们一起通过题目再训练一下吧。

课堂练习

题目 1

遥控飞机大赛拉开帷幕。比赛规则为，每位选手让自己的飞机从起点到终点飞行 5 次，组委会记录 5 次的飞行的成绩之后去掉一个最大成绩、一个最小成绩后计算剩余 3 个成绩的平均值（平均分保留 3 位小数）作为该选手的最终成绩。有 n 名选手参加了比赛，从键盘读入每位选手的编号以及他们的 5 次飞行的成绩。请根据 n 名选手的比赛成绩，编程计算出冠军、亚军、季军的编号以及组委会计算出的成绩。（假设不存在多名选手成绩正好一样）

【输入格式】第 1 行为一个整数 n（$4 \leqslant n \leqslant 100$），代表参加比赛的选手数量，后面的 n 行，每行有 6 个数，第 1 个数是选手的编号，后 5 个数为选手的 5 次飞行的成绩。

【输出格式】3 行：第 1 行输出冠军的编号及飞行成绩（保留 3 位小数）；第 2 行输出亚军的编号及飞行成绩；第 3 行输出季军的编号及飞行成绩。各数据用空格隔开。

【样例输入】4

```
11  58  59  60  61  62
18  59  60  61  62  63
23  65  64  63  62  62
10  60  61  61  65  62
```

【样例输出】

```
23  63.000
10  61.333
18  61.000
```

题目 2

新年快到了，笑笑打算给他的好朋友们发贺年卡，而且他已经选好了自己要购买的贺卡的样式。俗话说“货比三家”，笑笑来到商店，看了各个商铺这种贺卡的价钱。不仅如此，笑笑还记住了每个商铺的存货量。已知笑笑打算购买 m 张贺卡，问他最少花多少钱。

【输入格式】第 1 行 2 个整数 m 和 n。其中 m 表示要购买的贺卡的数量，n 表示商铺的个数。以下 n 行，每行 2 个整数，分别表示该商铺这种贺卡的单价和存货量。

【输出格式】仅一个数，表示笑笑花的最少钱数。

【样例输入】10 4
4 3
6 2
8 10
3 6

【样例输出】36

题目 3

新生舞会开始了。n 名新生每人有三个属性：姓名、学号、性别。其中，姓名用长度不超过 20 的仅由大小写字母构成的字符串表示，学号用长度不超过 10 的仅由数字构成的字符串表示，性别用一个大写字符 F 或 M 表示。任意两人的姓名、学号均互不相同。换言之，每个人可被其姓名或学号唯一确定。给出 m 对两人的信息（姓名或学号），判断他们是否能共舞。两人能共舞的充要条件为两人性别相异。

【输入格式】第 1 行一个整数 n($2\leqslant n\leqslant 1000$)，表示学生人数。接下来的 n 行每行依次包含一名新生的姓名、学号、性别，分别用一个空格隔开。之后的一行是一个整数 m($1\leqslant m\leqslant 1000$)，表示询问的数目。接着的 m 行每行包含两个信息（姓名或学号），保证两个信息不属于同一人，中间用一个空格隔开。

【输出格式】对于每个询问输出一行，如果两人可以共舞，输出一个大写字母 Y，否则输出一个大写字母 N。

【样例输入】4
John 10 M
Jack 11 M
Kate 20 F

Jim　21　M

3

John　11

20　Jack

Jim　Jack

【样例输出】N

Y

N

题目 4

某小学最近得到了一笔赞助，打算拿出其中一部分为学习成绩优秀的前 5 名学生发奖学金。期末，每个学生都有 3 门课的成绩：语文、数学、英语。先按总分从高到低排序，如果两个同学总分相同，再按语文成绩从高到低排序，如果两个同学总分和语文成绩都相同，那么规定学号小的同学排在前面。这样，每个学生的排序是唯一确定的。

任务：先根据输入的 3 门课的成绩计算总分，然后按上述规则排序，最后按排名顺序输出前五名学生的学号和总分。注意，在前 5 名同学中，每个人的奖学金都不相同，因此，你必须严格按上述规则排序。例如，在某个正确答案中，如果前两行的输出数据（每行输出两个数：学号、总分）是：

7　279

5　279

这两行数据的含义是：总分最高的两个同学的学号依次是 7 号、5 号。这两名同学的总分都是 279（总分等于输入的语文、数学、英语三科成绩之和），但学号为 7 的学生语文成绩更高一些。如果你的前两名的输出数据是：

5　279

7　279

则按输出错误处理，不能得分。

【输入格式】输入包含 $n+1$ 行：第 1 行为一个正整数 n，表示该校参加评选的学生人数。第 2 到 $n+1$ 行，每行有 3 个用空格隔开的数字，每个数字都在0～100 之间。第 i 行的 3 个数字依次表示学号为 $i-1$ 的学生的语文、数学、英语的成绩。每个学生的学号按照输入顺序编号为 1～n（恰好是输入数据的行号减 i）。所给的数据都是正确的，不必检验。数据范围 50% 的数据满足：各学生的总成绩各不相同。100% 的数据满足：$6 \leqslant n \leqslant 300$。

【输出格式】输出共有 5 行，每行是两个用空格隔开的正整数，依次表示前 5 名学生的学号和总分。

【样例输入】6

90 67 80
87 66 91
78 89 91
88 99 77
67 89 64
78 89 98

【样例输出】6 265

4 264
3 258
2 244
1 237

作业

题目 1

班级有 n 个同学，请从键盘读入 n 个同学的学号、姓名。将 n 个同学按照姓名长度降序排序；姓名长度相同，按姓名字典码降序排序；姓名长度和字典码都相同，按学号降序排序，不存在任何两个同学学号相同，这样就能保证排序结果的唯一性。

【输入格式】第 1 行输入一个整数 n(n≤100)。接下来 n 行，每行先读入一个整数代表同学的学号(学号≤1000)，再读入一个不带空格的字符串代表同学的姓名。

【输出格式】输出 n 行，为按题意排序的结果，每行输出 1 个同学的学号和姓名，用空格隔开。

【样例输入】5

1 zhangsan
2 lisi
4 wanger
5 wanger
3 zhaowu

【样例输出】1 zhangsan
3 zhaowu
5 wanger
4 wanger
2 lisi

题目 2

给出班里某门课程的成绩单，请你按成绩从高到低将成绩单排序输出，如果有相同分数则按名字的字序排序。

【输入格式】第 1 行为 n(0<n<20)，表示班里的学生数目；接下来的 n 行，每行为每个学生的名字和他的成绩，中间用空格隔开。名字只包含字母且长度不超过 20，成绩为一个不大于 100 的非负整数。

【输出格式】把成绩单按分数从高到低的顺序进行排序并输出，每行包含名字和分数两项，之间用空格隔开。

【样例输入】4
Kitty 80
Hanmeimei 90
Joey 92
Tim 28

【样例输出】Joey 92
Hanmeimei 90
Kitty 80
Tim 28

题目 3

虽然现在学校已经不允许将学生每次的考试成绩公布，但是尽职尽责的班主任小青老师还是会私下将学生们的成绩排序，看看哪些学生进步了，哪些学生有所退步，针对退步的学生想一些提升方案。现在请你通过编程来帮助小青老师实现全班 n 位同学成绩的排名。排名规则为总分从高到低排序，当出现总成绩相同时，根据语文成绩从高到低排序；当总成绩相同且语文成绩也相同时按照输入的先后顺序排序。

【输入格式】输入共 n+1 行，第一行输入一个正整数 n(1<n<100)表示全班学生数量；第 2～n+1 行，每行分别是学生姓名、语文成绩、数学成绩、英语成绩，中间用空格

隔开，各科成绩满分为 100 分。

【输出格式】输出共 n 行，根据题目要求的排序规则输出，每行分别为学生姓名、总成绩、语文成绩。

【样例输入】3

Jack　93　97　96

Rose　96　98　94

Lanbao　94　98　94

【样例输出】Rose　288　96

Lanbao　286　94

Jack　286　93

题目 4

在一次考试中，每个学生的成绩都不相同，现知道了每个学生的学号和成绩，求考第 k 名学生的学号和成绩。

【输入格式】第 1 行有两个整数，分别是学生的人数 n(1⩽n⩽100)和求第 k 名学生的 k(1⩽k⩽n)。其后有 n 行数据，每行包括一个学号(整数)和一个成绩(浮点数)，中间用空格分隔。

【输出格式】输出第 k 名学生的学号和成绩，中间用空格分隔。

【样例输入】5　4

90788001　67.8

90788002　90.3

90788003　61

90788004　68.4

90788005　73.9

【样例输出】90788004　68.4

第27课 地址记录牌

——指针

在生活中，每个地方都有一个地址，那么作为变量，它在内存中有没有自己的地址呢？

阅读与思考

要理解指针，先要从内存说起。内存是一个很大的、线性的字节数组。每一个字节都是固定的大小，由 8 个二进制位组成。最关键的是，每一个字节都有一个唯一的编号，编号从 0 开始，一直到最后一个字节。

程序加载到内存中后，在程序中使用的变量、常量、函数等数据，都有自己唯一的一个编号，这个编号就是这个数据的地址。

指针的值实质是内存单元(即字节)的编号，所以指针单独从数值上看，也是整数，正如电影院给座位编号，内存作为一个存放数据的空间。自然也要编号，这就是我们所说的内存编址。

知识讲解

1. 定义指针

语法：数据类型 * 指针变量名；

例如：int * p,a；

　　让指针记录变量 a 的地址：p=&a；

说明：这里的 * 是指针变量标识符，意思是变量 p 是一个指针变量，它只能用于存储地址；& 是取地址符，意思是把变量 a 的地址给指针 p。

2. 指针的类型

由于指针是一种独立的类型，这种类型的变量存储的值是内存地址，所以指针也是有类型的，指针的类型是指指针本身的类型，从语法的角度看，你只要把指针声明语句里的指针名字去掉，剩下的部分就是这个指针的类型。这就是指针本身所具有的类型。让我们看看下面各个指针的类型：

```
int *ptr;// 指针的类型是 int *
char *ptr; // 指针的类型是 char *
int **ptr; // 指针的类型是 int **
int (*ptr)[3]; // 指针的类型是 int(*)[3]
int *(*ptr)[4]; // 指针的类型是 int *(*)[4]
```

3. 指针所指向的类型

当你通过指针来访问指针所指向的内存区时，指针所指向的类型决定了编译器将把那片内存区里的内容当作什么来看待。

从语法上看，你只需把指针声明语句中的指针名字和名字左边的指针声明符 * 去掉，剩下的就是指针所指向的类型。例如：

```
int *ptr; // 指针所指向的类型是 int
char *ptr; // 指针所指向的类型是 char
int **ptr; // 指针所指向的类型是 int *
int (*ptr)[3]; // 指针所指向的类型是 int()[3]
int *(*ptr)[4]; // 指针所指向的类型是 int *()[4]
```

在指针的算术运算中，指针所指向的类型有很大的作用。对于指针所指向的类型，我的理解是指针所指向的内存区，这片内存区所代表的类型，所以指针所指向的类型决定了编译器将把那片内存区里的内容当作什么来看待。

课堂练习

题目 1

用指针变量 *p 对变量 a 进行赋值，并且输出变量 a 的值。

【样例输入】15

【样例输出】15

题目 2

用指针变量 *p1 和 *p2 对变量 a、b 进行赋值，并且输出变量 a、b 的和。

【样例输入】15　16

【样例输出】31

题目 3

用指针变量 * p1 和 * p2 对变量 a、b 进行赋值，并且输出变量 a、b 的积。

【样例输入】15　9

【样例输出】135

题目 4

给你 n 个整数，将其逆序输出。

【输入格式】第 1 行一个整数 n(3≤n≤100)代表数的个数。第 2 行 n 个整数，用空格隔开。(这些数在 $0\sim10^6$ 之间)

【输出格式】n 个整数，用空格隔开。

【样例输入】3

1　7　5

【样例输出】5　7　1

作业

题目 1

用指针变量 * p 对变量 a 进行赋值，并且输出变量 a 的地址。

【样例输入】15

【样例输出】(由于电脑的内存不一样，故答案不唯一。)

题目 2

输入 n 个整数的数列，请找出数列中最小数所在位置地址，并用地址输出最小的数。

【输入格式】第 1 行输入数组元素的个数 n(2≤n≤200)；第 2 行输入 n 个整数，用空格分开(0≤数组元素≤40000)。

【输出格式】最小数。

【样例输入】3

2 6 1

【样例输出】1

题目 3

用指针遍历 n 个数中最大的那个数在哪里？输出其值。

【输入格式】第 1 行：n(3≤n≤10)；

第 2 行：空格隔开的 n 个数。

【输出格式】一个数，表示最大数。

【样例输入】5

1 2 6 3 6

【样例输出】6

题目 4

小红来到苹果园，帮园长摘苹果，园长请小红把摘完的苹果中最小的那个去掉(如果有多个最小的苹果，那么都要去掉)，算一下剩余的苹果平均一个有多重。(平均重量请保留 1 位小数)

【输入格式】输入 2 行：第 1 行是一个整数 n，代表小红摘的 n 个苹果(3≤n≤100)；第 2 行是 n 个苹果的重量(分别用 n 个整数表示，本题不存在 n 个苹果一样重的情况)。

【输出格式】一个数，表示去掉最小的苹果后摘到的苹果的平均重量。

【样例输入】5

3 1 2 1 3

【样例输出】2.7

第28课 把字符串起来

——字符串操作

小创发现在前面的学习中，用字符数组存储一串字符不是很方便。今天我们带他一起学习字符串，通过字符串可以更方便地实现对字符的大量操作。

阅读与思考

字符串就是连续的一连串字符，在C++当中，处理字符串的方式有两种类型：一种来自C语言，也被称为C风格字符串；另外一种是基于string类库。

C风格的字符串其实就是字符存储在char数组当中。不过它和一般的数组有一些区别，拥有一些特殊的性质。比如一空字符\0结尾，它的ASCII码是0，用来标记字符串的结尾。

```
char str[5] = {'h','e','l','l','o'};
char str2[5] = {'h','e','l','l','\0'};
```

对于上面的两个例子，第一个例子虽然也是char数组，但是由于它的结尾不是\0，所以它不能看成是字符串。因为很多算法都是以\0的位置为标记的，比如计算字符串长度的算法以及cout等。

上面我们采用的是数组常规的初始化方式，这当然是可以的，不过这样会很不方便。需要一位一位地填写字符，会非常麻烦。

知识讲解

1. 字符串常量的定义

用双引号括起来的0个或多个字符组成的序列，比如：

"12345" "Hello"

"你好" "!@#"

2．字符串结尾的标志

在内存中存储的形式，以'\0'结束，例如，将字符串 hello 存储到数组中。

char a[6];

↓

'h'	'e'	'l'	'l'	'o'	'\o'

3．字符串的输入

（1）不含空格的输入

使用 for 循环输入：

cin〉〉数组名；

（2）含空格的输入

gets（数组名）；

4．字符串的输出

使用 for 循环输出：

cout〈〈数组名；

puts（数组名）；

5．字符串专用的处理函数

（1）strlen（）函数

作用：用于计算字符串的长度（不含'\0'）。

格式：

strlen（字符数组名）；

（2）strcat（）函数

作用：将 b 字符串连接到 a 字符串的后面（因此 a 字符串要足够大）。

格式：

strcat(a, b)

(3) strcpy()函数

作用：将 b 字符串复制到 a 里，包含'\0'。

格式：

strcpy(a, b)

(4) strcmp()函数

作用：比较两个字符串的大小。

格式：

strcmp(a, b)

课堂练习

题目 1

输入一串内容（长度不超过 108），反向输出。

【样例输入】12345

【样例输出】54321

题目 2

输入一个字符串（可包含空格），统计组成字符串各类型的个数，并输出所有特殊字符。

【样例输入】abSD F12￥♯%

【样例输出】￥　♯　%

大写:3

小写:3

数字:2

空格:2

题目 3

输入一个句子（1 行），将句子中的每一个单词翻转后输出。

【输入格式】只有 1 行，为一个字符串，不超过 500 个字符。单词之间以空格隔开。

【输入格式】翻转每一个单词后的字符串，单词之间的空格需与原文一致。

【样例输入】hello world

【样例输出】olleh dlrow

作业

题目 1

从键盘中任意输入一串字符，直至输入 # 字符代表结束。请编程统计输入的字符中的大写字母、小写字母和数字字符的个数分别是多少？

【输入格式】输入只有 1 行，包括一串字符(长度小于 20，且没有空格)。

【输出格式】输出只有 1 行，包括 3 个整数，分别代表大写字符、小写字符和数字字符的个数。

【样例输入】daDSALDdcada3240#

【样例输出】5　7　4

题目 2

算算以'.'结束的一串字符中含有多少个大写的英文字母。

【输入格式】输入一串字符(长度不超过 80)，以'.'结束。

【输出格式】输出 1 行，即这串字符中大写字母的个数。

【样例输入】PRC,PRC,I'm from China.

【样例输出】8

题目 3

输入一行字符串(字符串长度≤100)，包含若干个单词，约定相邻的两个单词用空格隔开(一个或多个空格)，编程统计单词的个数。

【输入格式】1 行，空格隔开的若干个单词。

【输出格式】单词个数。

【样例输入】Hello World

【样例输出】2

题目 4

一个英文句子(长度不超过 255255)只含有字母和空格，输出最长的一个单词。如有多个长度相同的单词,则输出最前面的一个。

【输入格式】一个字符串。

【输出格式】输出最长的单词。

【样例输入】in which four coins

【样例输出】which

第29课 指针的综合运用

——指针

前面学习了指针，但是想完全掌握指针并不是很容易，这一课我们一起通过题目，把指针的运用练习一下。

课堂练习

题目 1

给出若干个整数，询问其中是否有一对不同位置上数的和等于给定的数。

【输入格式】共 3 行：第 1 行是整数 n（$0<n\leqslant100000$），表示有 n 个整数。第 2 行是 n 个整数，整数的范围是在 $0\sim10^8$ 之间。第 3 行是一个整数 m（$0\leqslant m\leqslant2^{30}$），表示需要得到的和。

【输出格式】若存在和为 m 的数对，输出两个整数，小的在前，大的在后，中间用单个空格隔开。若有多个数对满足条件，选择数对中较小的数更小的一对。若找不到符合要求的数对，输出一行“No”。

【样例输入】4

2　5　1　4

6

【样例输出】1　5

题目 2

若指针 px 为空指针，则（　　）。

A. px 指向不定　　B. px 的值为零

C. px 的目标为零　　D. px 的地址为零

题目 3

输入 3 个整数，然后按照从大到小的顺序输出数值。

要求：用 3 个指针分别指向这 3 个整数，排序过程必须通过这 3 个指针来操作，不能直接访问这 3 个整数；输出时，必须使用这 3 个指针，不能使用存储 3 个整数的变量。

题目 4

编写一个函数，使用指针传递和指针运算，实现 2 个矩阵的和。编写主程序，输入 2 个矩阵，调用函数求和，在主函数中输出计算结果。每个矩阵的元素总个数不超过 100，但行数、列数不定。矩阵元素为整数。

【输入格式】先输入 2 个整数，表示矩阵的行数和列数，然后分别依次按行输入 2 个矩阵的元素。

【输出格式】2 个矩阵的和，按行、列显示，行中数据用一个空格隔开，每行末尾无空格。

【输入样例】2　4

1　2　3　4

5　6　7　8

1　2　3　4

5　6　7　8

【输出样例】2　4　6　8

10　12　14　16

作业

题目 1

有如下程序：

```
int a[10] = {1,2,3,4,5,6,7,8,9,10};
int *p = &a[3],b;
b = p[5];
```

则 b 的值是(　　)。

A. 5　　B. 6　　C. 9　　D. 8

题目 2

执行以下程序后，a，b 的值分别为(　　)。

```
main(){
    int a,b,k=4,m=6, *p1=&k, *p2=&m;
    a=p1==&m;
    b=(*p1)/(*p2)+7;
    cout<<a<<", "<<b<<endl;
    }
```

A. −1,5　　B. 1,6　　C. 0,7　　D. 4,10

题目 3

利用指针,编写用于交换两个整型变量值的函数。

【样例输入】5　6

【样例输出】6　5

题目 4

编写一个主程序,将输入字符串反序输出。

【样例输入】ABCDEFGHIJK

【样例输出】KJIHGFEDCBA

题目 5

使用指针编写一个用于对整型序列进行排序的函数,排序的方法使用简单选择排序法。

【样例输入】(第一个数是序列的长度)

6

2　7　2　2　3　1

【样例输出】1　2　2　2　3　7

第30课 模 拟 法

模拟是指对真实事物或者过程的虚拟。在编程时为了实现某个功能,可以用语言来模拟那个功能,模拟成功也就相应地表示编程成功。

阅读与思考

模拟法,即按题目的叙述条件和过程按部就班地完成算法与程序的设计,根据实际问题建立模型,用计算机模拟实际做法从而解决问题。具体到信息学奥赛中的试题,也就是题目怎么说,程序就怎么运行。模拟法并不是程序,只是我们依赖计算机的运算速度解决问题的一种方法或模式,针对具体问题需要设计具体的程序。

模拟法是一种基本的算法思想,可用于考查程序员的基本编程能力,其解决方法就是根据题目给出的规则对题目要求的相关过程进行编程模拟,直白地说,就是题目说什么就做什么。在解决模拟类问题时,需要注意字符串处理、特殊情况处理和对题目意思的理解。

模拟法适用于求解清晰、运算规模较小的问题。如果问题求解的时空代价很大,就要考虑是否有其他更好的解决方案。此类问题的特点是,问题描述特别长,在考场上主要考查考生的心态、阅读能力、细节处理能力、逻辑整理问题的能力,这些能力是解题的基本功。

知识讲解

1. 模拟法的定义

根据题意编写代码,侧重理解题目要求的操作过程,在脑海中清晰地将其转换为代码,模拟操作过程。

2. 模拟法的思想

根据题意编写,模拟操作过程。

3. 模拟法的使用条件

能用模拟法解决的题目有以下特征：

(1) 有明确的模拟规则，没有决策的选择。

(2) 数据范围不能过大(否则必须更换思路采用其他方法)。

课堂练习

题目 1

n 位同学(编号从 1 到 n)同时来到体育馆报名签到，领取准考证和参赛资料。为了有序报名，这 n 位同学需要按编号次序(编号为 1 的同学站在最前面)从前往后排成一条直线。然而每一位同学都不喜欢拥挤，对于第 i 位同学，如果有另外一位同学距离他/她的距离小于 ai，那么就会发生冲突。小创想知道如果要不发生任何冲突的情况下，这 n 位同学排队的队列最短长度是多少。

【输入格式】第 1 行一个整数 n，表示报名签到的同学人数。第 2 行有 n 个整数，第 i 个整数 ai 表示第 i 个同学必须与其他同学保持的距离。

【输出格式】输出 1 行，包括 1 个整数，表示这 n 位同学排队队列的最小长度。

注意：n 位同学要按 1 到 n 的次序从前往后排队。

【样例输入】3

3 1 2

【样例输出】5

题目 2

学校准备召开年度文艺汇演，六年级的同学们决定一起订做新校服，参加汇演。现给出每件校服的价钱，以及六年级每个班级的人数，请编程计算出所有同学订做校服需要的总价钱。

【输入格式】第 1 行：一个整数 x(x⩽100)，表示每件校服的价钱。第 2 行：一个整数 n(n⩽10)，表示六年级的班级数。第 3 行：n 个整数，表示六年级各班的人数(各班人数在 50 人以内)。

【输出格式】一个整数代表全年级订制校服所需要的总价钱。

【样例输入】30

6

48 50 51 49 50 52

【样例输出】9000

题目 3

小丽是个购物达人，她每周末都要去贝壳大街购物。贝壳大街是一条笔直的大街，我们把它抽象成是 X 轴上的一条线段，街上的每个商铺都位于线段上整数点的位置，而顾客可以在线段上的任何一个位置停车，并且每停一次车都需要交一次费用。小丽希望交纳最低的停车费用。于是小丽请你帮她编程计算一下，如果自己就停一次车，然后步行去之前计划好要去的那些商铺，最后回到停车的位置，那么最短的步行路程是多少。

【输入格式】第 1 行输入一个整数 n($1 \leqslant n \leqslant 20$)，表示小丽计划要去的商铺的个数；第 2 行输入 n 个整数，表示计划要去的那些商铺的位置，位置范围为[0,99]。

【输出格式】输出题目要求的最短的步行路程。

【样例输入】4

24 13 89 37

【样例输出】152

题目 4

给定两个日期，计算相差的天数。比如 2010－1－1 和 2010－1－3 相差 2 天。

【输入格式】共 2 行：第 1 行包含三个整数 startYear，startMonth，startDay，分别是起始年、月、日。第 2 行包含三个整数 endYear，endMonth，endDay，分别是结束年、月、日。相邻两个整数之间用单个空格隔开。年份范围在 1～3000。保证日期正确且结束日期不早于起始日期。

【输出格式】输出一个整数，即是两个日期相差的天数。

【样例输入】2008 1 1

2009 1 1

【样例输出】366

作业

题目 1

小明和小红在玩一个游戏，每轮游戏开始时给他们每个人分配两张牌，由牌上的点数决定赢家。游戏的规则如下：两张牌点数相同，称为对牌，点数不同，称为散牌。当两人都是对牌时，以两张牌的点数之和大的那个人赢。一人为对牌，一人为散牌时，拿对牌的人赢。当两人都是散牌时，以两张牌的点数之和对 10 取模之后大的那个人赢。如果没有办法决定赢家，则两人打平。

【输入格式】第 1 行为一个正整数 N，代表游戏进行了 N 轮；接下来 N 行，代表每一轮的游戏情况，每行 4 个数，前两个数为分配给小明的两张牌，后两个数为分配给小红的两张牌。

【输出格式】N 行，每行一个字符串，代表该轮比赛的结果，如果小明赢，输出 1，如果小明输了，输出 −1，如果两人打平，输出 0（输出均不包含引号）。

【样例输入 1】1
2 2 3 3

【样例输出 1】−1

【样例输入 2】5
1 2 3 4
2 2 3 4
3 2 3 4
7 8 2 3
3 3 12 12

【样例输出 2】−1
1
−1
0
−1

说明：① 样例 1 的解释。游戏进行了一轮，两人都是对牌，小明两张牌和为 4，小红和为 6，小明输了。② 样例 2 的解释。游戏进行了五轮：第一轮两人都是散牌，小明两张牌和对 10 取模后为 3，小红为 7，小明输了；第二轮小明是对牌，小红是散牌，小明获胜；

第三轮两人都是散牌，小明两张牌和对10取模后为5，小红为7，小明输了；第四轮两人都是散牌，小明两张牌和对10取模后为5，小红也为5，两人打平；第五轮两人都是对牌，小明两张牌和为6，小红两张牌和24，小明输了。③ 数据范围。30%的数据满足：两人都对牌；另30%的数据满足：两人都是散牌；40%的数据满足：每人的两张牌的点数之和都小于10；100%的数据满足：$1 \leqslant N \leqslant 10^6$，牌上的点数为1～13之间的正整数。

题目2

小朋友们都喜欢放鞭炮，尤其是男生，在春节时，什么爆竹、摔炮还有各种烟花，玩得不亦乐乎。今年的春节，小创就不开心了，因为他在踢足球的时候把脚给扭伤了，现在只能躺在床上听着外面的小伙伴们放鞭炮的声音发呆，他发现，有时会有几个鞭炮同时响，有时却只有一个鞭炮响。爸爸知道小创是个信息学竞赛爱好者，于是给他出了一个问题：有3个人同时开始放鞭炮，甲每2秒放一个，乙每3秒放一个，丙每5秒放一个，每个人都放10个鞭炮，你一共能听到多少次鞭炮响声呢？小创觉得这个问题太简单了，他想把程序编写得能够满足更有难度的要求：一共有n个小朋友同时开始放鞭炮，每个人放鞭炮间隔的时间不同，所放的鞭炮的数量也不同，等到大家都放完自己的鞭炮，一共能听到多少次鞭炮响声呢？小创编写这个程序当然没问题，你能编写出来吗？

【输入格式】第1行是一个自然数n，表示一共有n个小朋友放鞭炮；然后往下一共有n行，每行有两个自然数，i和j，表示这个小朋友每i秒种放一个鞭炮，一共放j个。

【输出格式】只有一个数据，表示所有小朋友放完鞭炮后，小创一共听到鞭炮响声的次数。

【样例输入】3

```
2 5
3 5
5 4
```

【样例输出】11

附录1 C++常用库函数

C++语言提供了许多方便又快捷的库函数，下面将介绍各种各样实用的提高编程效率的小技巧和模板库，其中绝大多数依靠C++自带类和函数实现。

1. 常用数学函数

头文件为cmath或者math.h，如表F1-1所示。

表F1-1 常用数学函数

函数原型	功能	返回值
int abs(int x)	求整数x的绝对值	绝对值
double acos(double x)	计算arcosx的值	计算结果
double asin(double x)	计算arsinx的值	计算结果
double atan(double x)	计算arctanx	计算结果
double cos(double x)	计算cosx的值	计算结果
double exp(double x)	求ex的值	计算结果
double fabs(double x)	求实数x的绝对值	绝对值
double fmod(double x,double y)	求x/y的余数	余数的双精度数
double log(double x)	计算lnx的值	计算结果
double modf(double x,double * y)	取x的整数部分送到y所指向的单元格中	x的小数部分
double pow(double x,double y)	求 x^y 的值	计算结果
double sqrt(double x)	求 $\sqrt{x}$ 值	计算结果
double sin(double x)	计算sinx的值	计算结果
double tan(double x)	计算tanx的值	计算结果
double cosh(double x)	计算x的双曲余弦coshx的值	计算结果

2. 其他常用函数

包括头文件的语句为#include〈cstdlib〉，或#include〈stdlib.h〉，如表F1-2所示。

表 F1-2 其他常用函数

函数原型	功能	返回值	说明
void abort(void)	终止程序执行		结束工作,但不清理
void exit(int)	终止程序执行		结束工作,并清理
double atof(const char *s)	将 s 所指向的字符串转换成实数	实数值	
int atoi(const char *s)	将 s 所指向的字符串转换成整数	整数值	
long atol(const char *s)	将 s 所指向的字符串转换成长整数	长整型值	
int rand(void)	产生一个随机整数	随机整数	
max(a,b)	求两个数中的大数	大数	参数为任意类型
min(a,b)	求两个数中的小数	小数	参数为任意类型
void srand(unsigned int)	初始化随机数产生器		

3. 实现键盘和文件输入/输出的成员函数

包括头文件的语句为#include〈iostream〉,如表 F1-3 所示。

表 F1-3 实现键盘和文化输入/输出的成员函数

函数原型	功能	返回值
cin〉〉v	输入值送给变量	
cout〈〈exp	输出表达式 exp 的值	
istream & istream::get(char &c)	输入字符给变量 c	
istream & istream::get(char *, int, char='\n')	输入一行字符串	
istream & istream::getline(char *,int, char='\n')	输入一行字符串	
void ifstream::open(const char *,int=ios::in, int=filebuf::openprot)	打开输入文件	
void ifstream::open(const char *,int=ios::out, int=filebuf::openprot)	打开输出文件	
void istream::close()	关闭输入文件	
void ofsream::close()	关闭输出文件	
int ios::eof()	判断是否到达打开文件的尾部	1 为到达 2 为没有
istream & istream::seekg(streampos)	移动输入文件的指针	
istream& istream::seekg(streamoff,ios::seek_dir)	移动输入文件的指针	
streampos istream:: tellg()	取输入文件的指针	
streampos ostream::tellp()	取输出文件的指针	
ostream& ostream:: seekp(streamoff,ios::seck_dir)	移动输出文件的指针	

附录 2 ASCII 码表

在计算机中，所有的数据在存储和运算时都要用二进制数表示，即使是字符在计算机中也是使用二进制数来表示的，例如 a、b、c、0、1、＊、＃、!、@等字母、数字和常用符号。为了使二进制数代表的符号不发生混乱，美国出台了 ASCII 编码（表 F2-1），统一规定了符号的二进制数表示。

表 F2-1 ASCII 码表

ASCII 值	字符	ASCII 值	字符	ASCII 值	字符	ASCII 值	字符	ASCII 值	字符	ASCII 值	字符
32	空格	48	0	64	@	80	P	96	`	112	p
33	!	49	1	65	A	81	Q	97	a	113	q
34	"	50	2	66	B	82	R	98	b	114	r
35	＃	51	3	67	C	83	S	99	c	115	s
36	$	52	4	68	D	84	T	100	d	116	t
37	%	53	5	69	E	85	U	101	e	117	u
38	&	54	6	70	F	86	V	102	f	118	v
39	'	55	7	71	G	87	W	103	g	119	w
40	（	56	8	72	H	88	X	104	h	120	s
41	）	57	9	73	I	89	Y	105	i	121	y
42	*	58	：	74	J	90	Z	106	j	122	z
43	＋	59	；	75	K	91	［	107	k	123	｛
44	，	60	＜	76	L	92	\	108	l	124	|
45	－	61	＝	77	M	93	］	109	m	125	｝
46	.	62	＞	78	N	94	^	110	n	126	～
47	/	63	?	79	O	95	_	111	o	127	DEL